水文模型与实时预报

李红霞　覃光华　敖天其　编著

U0238628

中国水利水电出版社
www.waterpub.com.cn

·北京·

内 容 提 要

本书是水文与水资源工程专业研究生核心课程的教材。本书介绍了常用水文模型及实时洪水预报与校正的基本原理、方法和应用，包括新安江模型、萨克拉门托模型、水箱模型、斯坦福模型、SWAT 模型、HEC - HMS 模型、TOPMODEL 模型、BTOPMC 模型、模型应用、实时洪水预报与校正等内容。

本书不仅适用于高等院校水文与水资源专业研究生的教学用书，亦可供水文、水利及水环境等领域的教学、科研、设计与工程管理人员使用和参考。

图书在版编目（ＣＩＰ）数据

水文模型与实时预报 / 李红霞，覃光华，敖天其编
著. -- 北京 ： 中国水利水电出版社，2021.3
ISBN 978-7-5170-9499-9

Ⅰ．①水… Ⅱ．①李… ②覃… ③敖… Ⅲ．①水文模
型②水文预报 Ⅳ．①P33

中国版本图书馆CIP数据核字(2021)第053447号

书　　名	**水文模型与实时预报** SHUIWEN MOXING YU SHISHI YUBAO	
作　　者	李红霞　覃光华　敖天其　编著	
出版发行	中国水利水电出版社	
	（北京市海淀区玉渊潭南路１号Ｄ座　100038）	
	网址：www. waterpub. com. cn	
	E - mail：sales@waterpub. com. cn	
	电话：(010) 68367658（营销中心）	
经　　售	北京科水图书销售中心（零售）	
	电话：(010) 88383994、63202643、68545874	
	全国各地新华书店和相关出版物销售网点	
排　　版	中国水利水电出版社微机排版中心	
印　　刷	清淞永业（天津）印刷有限公司	
规　　格	184mm×260mm　16 开本　10.5 印张　256 千字	
版　　次	2021 年 3 月第 1 版　2021 年 3 月第 1 次印刷	
印　　数	0001—1500 册	
定　　价	**42.00 元**	

前言

　　水文模型在水文预报、水库调度、水资源评价、水环境保护、土地利用变化和气候变化影响分析等方面具有非常重要的作用。随着计算机、遥感、地理信息系统等现代科学技术的发展，水文模型得以迅速发展。因此有必要对国内外主要水文模型进行整编，为研究生和相关专业科研工作人员提供学习和参考用书。

　　本书共11章，主要内容如下：

　　(1) 第1章主要介绍水循环和径流过程的基本原理、水文模型的概念、分类和发展等基本情况。

　　(2) 第2～9章主要介绍常用的水文模型，包括新安江模型、萨克拉门托模型、水箱模型、斯坦福模型、SWAT 模型、HEC - HMS 模型、TOPMODEL模型、BTOPMC 模型。

　　(3) 第10章主要介绍水文模型应用，包括水文模型选择与研发、模型资料、参数率定和检验、参数自动优化算法、预报结果评定、预报不确定性分析等。

　　(4) 第11章主要介绍实时洪水预报及常用实时校正方法，包括回归模型、卡尔曼滤波模型、人工神经网络模型。

　　本书由李红霞、覃光华、敖天其编著，其中第1章、第2章、第4章、第6章、第7章由李红霞编著，第3章、第5章、第11章由覃光华编著，第8章、第9章由敖天其编著。全书由李红霞统稿，覃光华校核。

　　在本书的编写过程中，四川大学缪韧教授对教材结构、内容范围与重点等提出了建设性的意见，研究生王瑞敏、唐萱、向俊燕、黄琦、尹兆锐、龚志惠等在搜集素材、整理文稿和校对等方面做了大量工作。本书的出版得到了国家重点研发计划"山区暴雨山洪水沙灾害预报预警关键技术研究与示范"(2019YFC1510700)、国家自然科学基金面上项目"库塘群复杂影响下西南山区中小河流洪水形成机理及实时预报"(51979177)的资助。在此一并表示感谢！

　　限于编者水平有限，书中不妥及疏漏之处在所难免，敬请读者批评指正。

作者

2020 年 9 月

目录

1 绪 论

1.1 水循环

地球上的各种水体，在太阳辐射的作用下不断蒸发而变成水汽进入大气，再由气流的水平输送和上升凝结形成降水；降水落回海面，或下渗进入土壤；落到陆地的降水扣除截留、蒸发、土壤蓄渗等各种损失后，在地表与地下形成不同成分的径流；其中液态成分的径流在重力作用下，通过河网汇集，地下含水层流动而汇入湖泊、河道、海洋；其中的降雪可融化成融水参加汇流过程，或转化成雪盖与冰川冰，长久的保存在高寒地带。自然界中水分的这种蒸发、输送和凝结，降落、下渗、地表和地下径流的循环往复过程，称为水循环或水文循环，如图1.1-1所示。

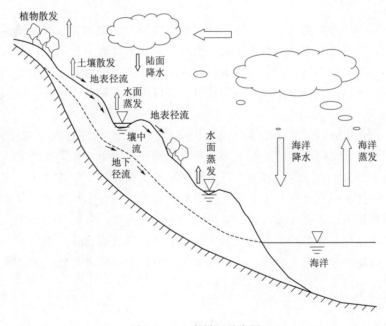

图1.1-1 水循环示意图

根据研究尺度的不同，水循环主要分为全球水循环、流域水循环和水-土-植物系统水循环三种。全球水循环是空间尺度最大的水循环，也是最完整的水循环，涉及海洋、大气和陆地之间的相互作用，与全球气候变化关系密切。流域水循环即为流域降雨径流形成过程，降落到流域上的雨水，首先满足植物截留、填洼和下渗，其余雨水形成地表和地下径流，汇入河网，再流至流域出口断面。水-土-植物系统是一个由水分、土壤和植物构成的系统，水-土-植物系统水循环是自然界尺度最小的水循环。降水进入该系统后，在太阳能、地球引力等作用下发生截留、填洼、下渗、蒸发、散发和径流等现象，并维持植物生命过程。

影响水文循环的因素很多，主要因素可以归纳为 4 类：①气象因素，如温度、风速、风向、湿度等；②自然地理条件，如地形、地质、土壤、植被等；③人类活动，包括各种水利措施、农业措施和城市化等；④地理位置。

在以上 4 类因素中，气象因素是起主导作用的因素。因为在水文循环的 4 个环节中有 3 个（蒸发、水汽输送、降水）取决于气象条件。径流虽受地形、地质、土壤、植被等下垫面条件的影响，但径流的形成及其时空变化在很大程度上仍取决于气象条件。自然地理条件主要是通过蒸发和径流来影响水文循环的。人类活动对水文循环的影响，主要是通过改变下垫面性质，进而影响水文循环各环节，主要表现在调节了径流，改变了蒸发和降水等水文循环环节。

1.2 径流过程

1.2.1 径流形成过程

径流是由降水所形成的，沿着流域地面和地下向河川、湖泊、水库、洼地等汇集流动的水流。其中：沿着地面流动的水流称为地面径流；沿土壤岩石孔隙流动的水流称为壤中流和地下径流；各种径流成分汇集到河道内，在重力作用下沿着河床流动的水流称为河川径流。径流因降水形式和补给来源的不同，可分为降雨径流和融雪径流。我国大部分河流以降雨径流为主。

从降水落到流域表面至水流汇聚到流域出口断面的整个物理过程称为径流形成过程。径流过程是地球上水文循环中的重要一环。在水文循环过程中，大陆上降水的 34% 转化为地面径流和地下径流汇入海洋，其余的以蒸发的形式又返回到空中成为大气中的水汽，并参与内陆水文循环。径流过程与防汛抗旱、水资源开发利用、水环境生态保护、国民经济建设等领域密切相关。因此，揭示和了解径流的变化与规律，分析其与其他水文要素以及各影响因素之间的相互关系，掌握径流形成的基本理论与分析计算方法是十分重要的。

径流的形成是一个相当复杂的过程，为了便于分析，一般将其概括为产流过程和汇流过程两个阶段。

1.2.1.1 产流过程

为叙述方便，先介绍产流过程涉及的几个基本概念。

坡面和坡地：流域内河槽两侧的陆地地面，称为坡面；坡面及坡面以下的浅层水分活动层则称为坡地。

降雨截留：雨水被植物茎叶拦截，滞留在植物枝叶上，这种现象称为降雨截留。降雨截留的雨水水分在雨后将以蒸发的形式返回空中。

填洼：流域内坡面上流动的水流向坡面上的洼地汇集，并积蓄于洼地的现象称为填洼。洼地积蓄的雨水水分在雨后也将以蒸发的形式返回空中。

下渗：水分从地表渗入地下的现象。

下渗损失：流域坡面上的降雨渗入地下的水量中，不能成为径流的那部分水量。这部分水量暂时蓄存在流域地下的土壤孔隙或岩石裂隙中，雨后仍将以蒸发的形式返回空中。

降落到流域内的雨水，除直接降落在水面上的雨水外，一般不会立即产生径流，而是在满足雨期蒸发、降雨截留、填洼和下渗损失之后才能产生地表和地下径流。雨期蒸发、降雨截留、填洼和下渗损失统称径流损失，降落的雨水不能形成径流的水量称为径流损失量。降雨经雨期蒸发、降雨截留、填洼和下渗损失之后成为净雨，降雨扣除径流损失后的雨量称为净雨量。依据净雨形成的物理条件差异，可以把净雨分为地表径流净雨、壤中径流净雨、地下径流净雨。各种净雨成分在流域坡地表面或坡面以下的岩土空隙中向河槽汇集，在河网中流动就形成河川径流。显然，净雨量和它形成的径流量在数量上是相等的，但二者的过程却完全不同，净雨是径流的来源，而径流则是净雨汇流的结果；净雨在降雨结束时就停止了，而径流却要延长很长时间。通常把降雨经降雨截留、填洼、下渗造成径流损失之后，成为净雨的过程称为产流过程，因而，净雨量也称为产流量。在流域前期极端干旱的情况下，降雨产流过程中的损失量称为流域最大损失量。

流域的径流形成过程如图1.2-1所示。降雨开始之初，除少量直接降落在河面上的雨水形成径流外，大部分雨水都被植物枝叶拦截，滞留在植物枝叶上。如果降雨很小，全部雨水都可能被截留，不会有雨水落地。如果降雨较大，植物枝叶将最大限度地吸附雨水，直到达到其最大截留能力时，后续降雨才落到地面。滞留在植物枝叶上的截留水量，在雨后最终消耗于蒸发。降雨较大时，截留自降雨开始时发生，至叶面达到最大截留能力时为止。落到地面的雨水将向地面下渗，降雨强度小于土壤下渗强度时，雨水将全部渗入地下；降雨强度大于土壤下渗能力时，雨水按下渗能力下渗，超出下渗的雨水称为超渗雨。超渗雨形成的地面水流首先就近填充地面上大大小小的洼地，并积蓄于洼地，开始填洼过程。随着降雨的持续进行，满足了填洼量的地方开始产生坡面漫流，并逐渐形成沟流，最后注入河网形成地面径流。下渗到地下的水分，首先被土壤吸收，使土壤含水量不断增加，继续下渗的雨水沿着土壤孔隙流动，下渗水量超出土壤持水能力时，下渗水到达地下水面，沿地下水坡度缓慢向河槽汇聚，以地下水的形式补给河流，就成为地下径流。

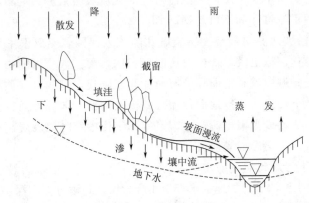

图1.2-1 径流形成过程

在有些坡地，由于表土层薄且疏松透水，下部有相对不透水层，渗入土壤中的水分可在表土层形成部分饱和层，部分水分沿相对不透水层侧向流动，从坡侧土壤孔隙流出，注入河槽形成表层流（或壤中流）。

下渗过程自地面有雨滴开始，一直持续至降雨终止。下渗过程中，随土壤含水量不断增加，土壤下渗能力不断下降，当土壤含水量达到饱和后，下渗能力将趋于稳定的最小值，土壤的最小下渗能力值称为饱和下渗率。

流域产流过程又称为流域蓄渗过程，在这一阶段，流域对降雨的量进行了一次再分配：一部分水下渗满足土壤吸水需要而保存在土壤中，这部分水在雨后将提供土壤蒸发；满足土壤持水能力后下渗的那部分水量成为地下径流净雨量（有相对不透水层时，还包括壤中流净雨量）；超过土壤下渗的那部分水量称为地面径流净雨量。

需要注意的是，如果本流域的河流切割地层浅，部分地下径流可能会流向外流域，这时，本流域的河川径流中可能只包括部分浅层地下径流，这样的流域称为地下水补给区，接纳地下径流的外流域称为地下水排泄区。

1.2.1.2　汇流过程

净雨在坡地的不同空间位置形成后，沿着坡地表面和坡地土壤孔隙，汇入河网的过程称为坡地汇流过程，然后再沿着河网水系，从流域上游干支流汇集到流域下游出口断面的过程称河网汇流过程，坡地汇流过程和河网汇流过程合称为流域汇流过程。流域汇流将对净雨在时程上进行两次再分配。

（1）坡地汇流过程：流域内，坡地汇流首先是在雨强大于土壤下渗能力的地方发生，如透水性较差的地区（包括不透水地面），或因土壤湿润而下渗能力小的地方（如河边的坡脚）。随着降雨的持续，坡地汇流面积逐渐扩大，有时可扩展到全流域。降雨停止后，坡地汇流并不立即停止，而要持续一段时间，直到离河网最远一点的坡地水流进入河槽之后，坡地汇流才停止。坡地汇流分为三种情况。

1）超渗雨满足了填洼后产生的地面净雨沿坡面流到附近河网的过程，这个过程称为坡面漫流过程或坡面汇流过程。坡面漫流是由无数股彼此时分时合的细小水流所组成，通常没有明显的固定沟槽，雨强很大时可形成片流。坡面漫流经由坡面注入河网、形成地面径流。大雨时地面径流是构成河流洪峰的主要水源。坡面漫流的流程较短，一般不超过数百米，由于流程短、历时不长，所以其汇流过程对大流域的汇流影响很小，但对汇流历时较小的小流域，坡面汇流过程却不可忽视。

2）壤中流净雨沿坡地侧向，经表层土壤孔隙流入河网，形成壤中流径流，壤中流流动比地面径流慢，到达河槽也较迟，但对历时较长的暴雨，数量可能很大，往往成为河流水量的主要组成部分。壤中流和地面径流有时能相互转化，例如，在坡地上部渗入土中流动的壤中流可在坡地下部流出，以地面径流形式流入河槽；部分地面径流也可能在坡面漫流过程中渗入土壤中流动成为壤中流。这就是实际工作中有时把表层流并入地面径流的原因。对均质土壤而言，不会形成表层流。

3）地下净雨向下渗透到地下潜水面或深层地下水体后，沿水力坡度最大的方向流入河网，称为坡地地下水汇流。深层地下水汇流很慢，所以降雨过后，深层地下水流可以维持很长时间，较大河流可以终年不断。地下水流在枯水季节补给河流的水量称为河流的基流。

经坡地汇流调蓄后进入河网的水流流量过程比净雨过程更平缓，持续时间更长，也就是说，坡地汇流对净雨在时程上进行了第一次再分配。

（2）河网汇流过程：各种成分径流经坡地汇流注入河网，从支流到干流，从上游向下游，最后流出流域出口断面。如图1.2-2所示，坡地水流进入河网后，使河槽水量增加，水位升高，形成河流洪水的涨水阶段。在涨水阶段，河槽要储存一部分水量，随着降雨和坡地径流量的逐渐减少直至完全停止，河槽水量开始减少，储存的水量逐渐流出流域，形成河流洪水的退水阶段。河槽中蓄存的水量，在涨水阶段蓄存量增加，在退水阶段消退的现象称为河槽调蓄。调蓄结果使流域出口断面流量过程比河网入流流量过程更为平缓，持续时间延长，也就是说，河槽调蓄对净雨在时程上进行了第二次再分配。

产流和汇流是从降雨开始到水流流出流域出口断面经历的全过程，必须指出，产流和汇流在时间上并无截然的分界，而是同时交错进行的。

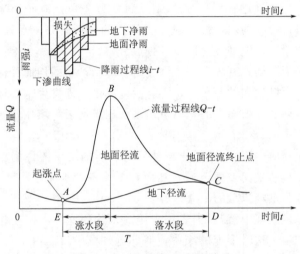

图1.2-2　流域降雨-径流关系

1.2.2　流量过程及组成

1.2.2.1　典型流量过程线的特征点

依据河流某一过水断面的流量随时间的变化而绘制的曲线称为流量过程线。典型的由一次降雨形成的单峰洪水过程线有四个较为明显的曲线变化点（图1.2-3）。A 点为起涨点，ABC 段称为涨水段，其中 AB 段是流量涨势迅猛的阶段，BC 段是流量涨势减弱的阶段。图中 C 点为径流峰值，即最大洪峰流量。图中 $CDEF$ 段称为退水段，其中 CD 段是流量减小（退水）呈现较缓慢趋势的阶段，DE 段是流量减小比较迅速的阶段。退水段第一个反曲点 D 为坡面漫流注入河槽的终止时刻。此后，出口断面的流量是依靠流域和河网内已有的蓄水量逐渐

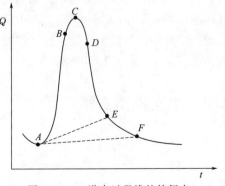

图1.2-3　洪水过程线的特征点

排出来维持的。E 点为退水段上的第二个转折点，该点后的退水过程更加平缓。该点标志着地面径流河槽退水的终止。此后的退水流量是靠壤中流和地下水对河网的补给来维持的，因此，E 点也标志着地面径流的终止时刻。F 点标志着壤中流中止，此后的退水流量完全是缓慢流动的地下水对河网的补给来维持的。因此，流量过程线的形状综合反映了流域的产流、汇流特征。

1.2.2.2 流量过程的水源组成

一次降雨在流域出口断面形成的流量过程的总径流是由汇流速度不同的径流组成的，不同速度的径流量占总流量的比重称为流量过程的水源组成，组成总径流的各分径流称为流量过程的水源成分。过去常把流量过程的水源成分划分为地面径流和地下径流两种。后来，通过大量的实验和观测发现，在有些流域，壤中流占有很大的比例。由于壤中流汇流的特点并不完全与地面径流相同，为了更好地用数学方法模拟径流过程，对于壤中流占有较大比例的流域，把流量过程线的水源成分划分为 3 种：地面径流、壤中流、地下径流。近年来，对流量过程线的水源组成做了更深入的分析研究，水源成分划分就更细了。根据对降雨响应的快慢，一般划分为以下 6 种成分。

超渗坡面流：是当降雨强度大于下渗强度时，降雨产生的地面径流。

饱和坡面流：在土壤饱和的面积上，再有后续降雨，即发生饱和坡面流。

回归流：在暴雨期间，坡面上的相对不透水层出露地表，壤中流被迫回到地面，称为回归流。

饱和壤中流（快速壤中流）：表层土壤达到饱和后的壤中流称为饱和壤中流。除非表层有大的孔道，壤中流总是比坡面流慢，然而在上述各种水流较小和表层饱和的情况下，饱和壤中流有可能成为洪峰流量的主要水源。

非饱和壤中流（慢速壤中流）：当表层土壤尚未达到饱和，仅在相对不透水层上形成较薄的一层临时饱和层，这时形成的壤中流叫非饱和壤中流。由于其出流较慢，量也小，一般不易成为洪峰的主要来源。

地下径流：由于地下水的水力坡度和透水率比壤中流小、渗流历时长，所以成为河流枯水的主要水源。根据其流动速度的差异，又可分为快速及慢速两种地下水径流。

水源划分在水资源评估和水文预报领域有十分重要的意义。必须着重指出：就目前的水文科学水平，要精确划分地面径流、壤中流和地下径流是非常困难的，所以实用上，有时只把实测的总径流过程划分为地面径流过程和地下径流过程，相应地，净雨也只划分为地面净雨和地下净雨。由于快速壤中流与地面径流的性质相近，这种情况下通常把它归并到地面径流中，称其为直接径流。慢速壤中流与地下径流的性质相近，慢速壤中流则归并到地下径流中，统称地下径流。

1.3 水文模型概述

水文模型是对复杂水循环过程的抽象和概化，是根据水文循环中各个环节的物理规律建立起来的"数学系统"，能够模拟水循环过程的主要或大部分特征。因此水文模型可以看作是描述水文现象和水文过程的有效工具。

由于计算机的出现，从 20 世纪 50 年代中期起，开始把水文循环的整体过程作为一个完整的系统来研究，并在 20 世纪 50 年代后期提出了"流域水文模型"的概念，随即有 SSARR 模型（1958）和 Stanford 模型（1959）等模型的出现。这些模型从定量上分析了流域出口断面流量形成的全部过程，包括降水、蒸发、截留和下渗；包括地表径流、壤中流、地下径流的形成，也包括坡面调蓄和河网调蓄。

流域水文模型是以一个流域作为基本的研究单元，以流域的水文循环的整体过程作为模拟对象，将流域水文循环涉及的降水、蒸发、截留和下渗，产流、汇流，包括地表径流、壤中流、地下径流的产、汇流，以及坡面调蓄和河网调蓄等流域水文循环的环节或子过程有机地融合在一起，构成一个完整、严密的数学系统。因此流域水文模型也是一种水文模型，但是比一般水文模型更完整，结构更复杂，建立模型也更为困难。根据下渗规律、蒸散发规律、河道洪水波运动规律等建立的下渗模型、蒸散发模型、河道洪水演算模型都是水文模型，但是严格来讲它们并不是完整的流域水文模型。本书所述模型主要指这一类完整的流域水文模型。

流域水文模型是以流域内从降雨到径流的全过程中，各种水文物理现象及其影响因素随时间变化的作用为基础，辅以严格的逻辑推理和数学描述而构成的数学模型。模型由模型结构、模型参数（模型中描述水文物理规律的函数的参数）、模型状态变量组成，一般具有以下 4 个最基本的特点：

（1）建立模型时，不仅考虑到了水文循环中各个环节及其各影响因素的作用，同时还顾及到相互间的联系，即特别注重各子系统与各变量对系统响应的独立贡献和组合贡献。

（2）引入了模型函数和状态变量。因此，计算时段的模型输出与时段末的状态，由计算时段的初始状态、模型输入与模型函数特性经演算与递推而得。

（3）对水文状态过程做连续模拟，而不是采用大时间尺度对某一水文事件做总量计算。即它模拟的是水文物理过程，不是用某种水文方法计算某一水文特征量（如水文分析计算那样计算一个年径流量）。

（4）优选模型参数时，流域模型输出的是校核目标，而不是反求模型函数的依据。也就是说，流域模型采用"顺算"法优选参数，而不是经验模型那样用"逆算"法反推转换函数。

1.4　水文模型分类

流水文模型概念自 20 世纪 50 年代后期正式提出后，几十年来获得了快速发展，从最早的较为简单的概念性水文模型，到相对复杂的分布式水文模型。据初步统计，世界各国相继提出的各种流域模型已多达上百个。这些流域模型有的适用于湿润地区，有的适用于干旱地区；有的模型结构复杂，参数较多，有的模型结构简单，参数较少。

为更有利于理解流域水文模型的概念，有必要对水文模型的分类进行了解，以更好地认识流域水文模型与其他水文模型的关系及其应用中的特点。

1.4.1　按照对流域水文过程描述的离散程度分类

按照对流域水文过程离散程度分类，流域水文模型可以分为集总式流域水文模型和分布式流域水文模型。

1.4.1.1　集总式流域水文模型

集总式流域水文模型是以一个流域作为完整的研究单元，以流域平均降雨量和蒸发量作为模型输入，以流域出口断面的径流作为模拟目标的模型。集总式水文模型最基本的特征是将流域作为一个整体来描述或模拟降雨径流形成过程。不同的集总式模型尽管可能具有不同的模型结构和特征参数，但模型本身大多数都不具备从机理上考虑降雨和下垫面条件空间分布不均匀对流域降雨径流形成影响的功能。集总式流域水文模型的研究，自20世纪50年代后期提出至70年代达到了高潮，至今仍是水文科学研究和生产实际中被广泛使用的水文模型。根据构造模型的方式方法不同，集总式流域水文模型有各种各样的具体模型，其中较为有名的有美国的斯坦福模型（Stanford）、萨克拉门托模型（Sacramento）、HSPF 模型，瑞典的 HBV 模型，日本的水箱模型（Tank）以及我国的新安江模型等。

1.4.1.2　分布式流域水文模型

分布式流域水文模型最基本的特征是按照流域各处气候信息（如降水）和下垫面特征（如地形、土壤、植被、土地利用）要素信息的不同，将流域划分为若干小单元；在每个单元上用一组参数反映其流域特征，具有从机理上考虑降雨和下垫面条件空间分布不均匀对流域降雨径流形成影响的功能。分布式流域水文模型的提出解决了水文过程中的空间变异性问题，从而更加真实地再现或预测流域的各种行为。

分布式流域水文模型以分布式流域下垫面、分布式输入量作为标志，是在 GIS 支持下发展起来的新一代流域水文模型。分布式流域水文模型的核心是在 DEM 之上构造基于网格单元的产、汇流计算模型。由于具体条件的限制或基于精度的考虑，目前通常将应用 DEM 提取坡面特征，而产、汇流计算基于单位坡面结构的模型，或者产、汇流计算基于单位流域的模型也归类为分布式流域水文模型。

1969 年 Freeze 和 Harlan 发表了《一个具有物理基础数值模拟的水文响应模型的蓝图》的论文，标志着分布式流域水文模型研究的开始。此后，许多水文学者开展了分布式流域水文模型的研究，相继开发了各种不同结构的分布式流域水文模型。1986 年，丹麦、法国及英国的水文学者联合研制了真正意义上的典型分布式水文模型 SHE 模型，以及此后在 SHE 基础上改进的 MIKE - SHE 模型；1985 年，美国农业部农业研究中心考虑到土地利用与管理将会影响到一个流域的水文循环与化学循环，开发了 SWAT 模型；之后各国相继研究出多个分布式水文模型，如 TOPKAPI 模型、VIC 模型、DHSVM 模型、USGS 模型、WATFLOOD 模型、TOPMODEL 模型、WEP 模型、HEC - HMS 模型等。

目前，基于 DEM 的分布式水文模型可以概括为 3 种类型：

（1）使用一些物理学、水力学的微分方程，应用数值分析，基于网格单元求解径流的时空变化而建立的模型，这类模型称紧密耦合分布式流域水文模型。如 SHE 模型及其变形，这也是人们所指的具有物理基础的分布式水文模型，也称为第一类分布式流域水文模型。

（2）在每一个水文响应单元或子流域上应用现有的概念性集总模型来推求净雨，再进行汇流演算，最后求得出口断面流量，这类模型也称松散耦合型分布式水文模型，如分布式新安江模型和 SWAT 模型，此类模型称为第二类分布式水文模型。

（3）基于 DEM 推求地形空间变化信息，利用地形信息（如地形指数），用统计方法求得出口断面流量，这类模型也称为半分布式水文模型或第三类分布式水文模型，如 TOPMODEL 模型。

1.4.2 按照模型构建的基础分类

按照对模型构建的基础分类，水文模型可以分为概念性水文模型和数学物理模型。

1.4.2.1 概念性水文模型

概念性模型是以水文现象的物理概念作为基础进行模拟的，它所模拟的不完全是真的物理实体，而要对物理现象进行概化。例如，概念性模型常把流域的包气带概化成两层或三层，每层看作是均匀的土层，以便有效地模拟流域蒸散发和径流的形成。其中，上层代表疏松的表土层，下层代表较坚实的土层；潜水面以下的地下含水层看作是一个线性水库，以便模拟地下径流。实际上凡是有一定水文物理概念的模型都属于概念性模型，例如马斯京根流量演算方程也是一种概念性模型，把物理河段概化为均匀一致的河段，把河段出流看作水库出流。

需要说明的是，许多书籍把以一个流域作为研究对象的系统模型（如黑箱模型）也称为流域水文模型。但一般而言，在不加说明的情况下，流域水文模型指具有一定物理机制的模型。

1.4.2.2 数学物理模型

近年出现的分布式模型是新一代的流域水文模型，将流域划分为许许多多的网格单元，由各网格单元的降雨和蒸发作为模型输入，产、汇流也立足于网格单元的水文物理特性，最后求得流域出口的径流过程。数学物理模型根据物理或力学上的一些基本定律对水文现象进行描述，其特点是对水文现象的描述机制清楚，具有物理严密性，通用性好，预报和外延能力强。

1.4.3 按照模型时间尺度分类

水文模型的计算时间尺度各不相同。根据时间尺度，水文模型可以分为连续时间或事件模型、日模型、月模型和年模型。这种分类是基于计算的时段，时段的选择基于模型模拟的需要。

1.4.4 按照模型空间尺度分类

水文模型的应用的空间尺度亦各不相同。基于空间尺度可分为中小流域模型和大流域模型。通常，流域面积在 $3000km^2$ 以下称为中小流域，大于 $3000km^2$ 的称为大流域。流域产汇流的每个阶段有各自的特点，大流域河网发达，蓄水主要集中在河道；而小流域主要是坡面漫流，河道调蓄作用小。

1.5 水文模型作用

水文模型是描述水文现象和水文过程的有效工具。水文模型在水文预报、水库调度、工程水文设计、气候变化和下垫面变化对水文过程的影响、流域水文水环境过程模拟与预报、水资源评价、水环境水生态保护等方面具有非常重要的作用：

（1）水文模型是实时洪水预报和水库调度的核心部分，是提高预报精度和增长预见期的关键技术。可靠的流域水文模型具有快速、准确、自动连续计算的优点，可以很快获得较为准确的预报结果。

（2）水文模型可以用于工程水文设计中插补延长资料样本，生成和还原无资料地区或受人类活动影响严重地区的径流资料与洪水系列。例如，利用流域水文模型模拟径流，可以生成日平均流量、月径流和年径流量、洪峰流量及详细的洪水过程。这种延展河川径流系列的方法，其效果远远优于一般常用的相关分析方法和其他方法；但这种方法要求有较长的降雨和蒸发等资料条件。

（3）水文模型是分析研究气候变化和人类活动对水文、水资源和水环境影响的有效工具。例如，城市化、农业措施和砍伐森林等人类活动改变了自然流域，利用流域水文模型可以模拟流域变化后的径流情况，其对径流形成的长期影响可以通过适当改变模型参数将径流长期变化的效应模拟出来。

（4）水文模型是水资源评价、开发、利用和管理的理论基础；是构建面源污染和生态评价模型的主要平台，对水环境水生态保护的重要作用。

1.6 水文模型发展与展望

1.6.1 发展回顾

水文模型的发展大体可归纳为 3 个时期。

1.6.1.1 开创时期

17 世纪下半叶到 19 世纪中期是水文模型的开创时期。在这一时期，水文学主要有 3 个方面的成就：

（1）Pereault 在 1674 年首先发表了水文学中的定量试验报告，建立了径流系数的概念。

（2）Dobson 与 Dolton 进行蒸发观测试验后，于 1802 年建立了著名的 Dolton 蒸发计算公式。

（3）19 世纪中叶，世界上首次刊布了欧洲几条河流的流量资料，为水文模型的建立，开始奠定了一定的基础。

1.6.1.2 经验时期

19 世纪中叶到 20 世纪初是经验时期。1851 年，Mulvaney 在一篇论文中首次提出了合理化公式（推理公式），它是一个一般性的水文模型，以此为起点直到 20 世纪初，人们研制出了大量的流量（或径流量）依靠集水面积而变的简单经验公式。

1.6.1.3　近代时期

20世纪以来，特别是自50年代以来，水文模型获得了飞速的发展。1914年，Fuller将频率概念引入水文学。20世纪30年代，水文学建立了早期的降雨径流相关图，用以估计一次降雨引起的总径流量。1931年，霍顿（Horton）建立了下渗公式。1932年，谢尔曼（Sherman）提出了单位线的概念。1936年，Zoch提出了流量与流域面积、雨率（雨强）、时间之间的关系式。1938年，麦卡锡（Mecathy）提出了马斯京根河段流量演算法，斯奈德（Snyder）提出了综合单位线。1939年，Hertzter首先概述了壤中流的概念。1942年，林斯雷（Linsley）利用实测蒸发量和一条简单的下渗曲线计算日径流过程。1944年，Thernthuaite提出了蒸发能力的概念。1945年，克拉克（Clark）提出了Clark单位线。1946年，库克（Cook）提出下渗指数法。1949年，林斯雷（Linsley）等提出降雨径流关系的前期雨量指标（API）法。

进入20世纪50年代后期，水文学家结合室内外实验等手段、不断探索水文循环的成因变化规律，并通过一些假设和简化，确定水文模型的基本结构、参数及算法，开始了水文模型的快速发展阶段。1958年，Rockwood首次提出一个流域水文模型（SSARR模型），之后至70年代后期，大量集总式水文模型被提出，如美国的斯坦福模型（SWM）、萨克拉门托模型（Sacramento）、SCS模型；澳大利亚的AWBM模型、SIMHYD模型；欧洲的HBV模型、日本的水箱模型（Tank），以及我国的新安江模型等。

尽管早在1969年，Freeze与Harlan就提出了基于水动力学偏微分物理方程的分布式水文模型概念，但当时主要由于计算手段的限制，直到80年代后期，随着计算机技术的快速发展，以及地理信息系统（GIS）、全球定位系统（GPS），以及卫星遥感技术（RS）在水文学中的应用，分布式水文模型才得到发展。目前常用的分布式水文模型有MIKE-SHE模型、SWAT模型、HEC-HMS模型、SWMM模型、VIC模型、TOPMODEL模型、GBHM模型、二元水循环模型、流溪河模型、BTOPMC模型等。

针对众多的水文模型，国际上对水文模型进行了3次比较研究：

（1）1974年，世界气象组织（WMO）曾对当时有代表性的10个模型进行验证对比，当时参与的模型有萨克拉门托（SAC）模型、水箱模型、CLS模型等，这是第一代的水文模型。从6个国家选出6个流域共8年资料对模型进行检验。最后主要的结论包括：在湿润地区，各种模型都可以用；并不根据这些检验与对比结果推荐使用某种模型。

（2）20世纪90年代中期，从实时洪水预报的角度对水文模型进行过比较研究，该比较的结论之一是，采用水文资料可以率定的水文模型参数数量是有限的，可能最多是3～4个。

（3）随着计算机与遥感科学的飞速发展，分布式水文模型快速发展。分布式水文模型在水文预报的应用效果成为国内外关注的问题。为此，在2002—2004年，美国天气局水文办公室（national weather service, office of hydrologic development, NOAA）组织开展了分布式水文模型比较研究工作（distributed model intercomparison project, DMIP）。参加比较的分布式水文模型有12个，包括美国天气局的基于SAC-SMA模型的HL-RMS，美国Utah大学开发的基于TOPMODEL的TOPNET，丹麦DHI开发得基于NAM的MIKE 11，加拿大Waterloo大学开发的WATFLOOD，美国农业部开发的SWAT模型、

California 大学研发的 VIC－3L 等，并与集总式 SAC－SMA 模型进行比较。共选择了 5 个流域进行模拟，流域面积 65～2484km^2，另外，这些流域内布设有测雨天气雷达，流域内有 4km×4km 的网格雷达测雨资料。最后经过比较得到的主要结论：①虽然对于大多数情况集总式模型模拟精度优于分布式模型，但是部分流域模拟显示率定过的分布式模型可以取得相当于甚至优于集总式模型的模拟结果；②参数率定及使用者的经验等对模型模拟精度有很大影响。③分布式水文模型不但可以预报流域出口的流量过程，也可以预报流域内某个没有率定的子流域的流量过程；④较小流域模拟的不确定性更强；⑤对于精度较高的雨量资料，分布式水文模型能够得到很好的预报结果。

1.6.2　趋势展望

时至今日，水文学已进入用先进的模拟技术逐渐代替简单的经验相关时期；由解释问题的能力大于解决问题的能力的时期，发展到可以求解十分复杂的数学物理方程的时期。经过过去几十年的迅速发展，水文模型已经达到相对比较成熟的阶段。未来一个时期内，人们将致力于水文模型的理论发展和应用扩展，进一步提高水文模型预报精度和增加预见期。预计今后将在以下几个方面做出进一步发展。

1.6.2.1　3S 技术在水文模型中的应用

3S 技术是地理信息系统（geographic information system，GIS）、遥感（remote sensing，RS）、全球定位系统（global positioning system，GPS）三大技术系统的统称，结合了空间技术、传感器技术、卫星定位与导航技术、计算机技术和通信技术，是对空间信息进行采集、处理、管理、分析、表达、传播和应用的现代信息技术。

3S 技术在水文模型中的应用主要是基于数字高程模型的数字流域的水系提取、流域划分、流域分析，获取遥感数据、利用遥感图像进行流域参数反演、建立数字流域数据库等方面。此外，3S 技术为分布式流域水文模型的应用创造了条件。GIS 将图形显示、空间分析与数据库技术相结合，为分布式水文模拟的大量空间信息数据处理及管理提供了强有力的工具。RS 技术不仅可以提供土壤、植被、土地利用等下垫面的信息，也可以获取降雨的空间分布特征、估算区域蒸散发、土壤水分、地表温度、模型参数如叶面指数（LAI）等。通过遥感技术能够弥补传统检测资料的不足，丰富了水文模型的数据来源，尤其是为无资料地区获取数据提供了条件。

1.6.2.2　加强降水观测和降水预报

降水是水文模型的最重要输入之一，降水的精度直接影响模型预报精度。近几年来，我国基本完成了大江大河的自动遥测雨量站网系统，提高了站网密度，并将原来几个小时的报汛时段缩短到一个小时以内，大大提高了大江大河水情信息传输的速度及数据精度。近些年来，雷达和卫星测雨技术的发展为降水观测提供了新手段，以弥补常规地面站点降水观测的不足。目前主要的卫星测雨产品包括 TRMM（tropical rainfall measuring mission）、GPM（global precipitation measurement）等。不同来源的降水观测数据均有自身的误差特征，未来降雨除了进一步加强传统的地面观测，还应充分利用天、空、地全方位多层次监测资料，识别不同来源降水信息的有效性和不确定性，将地面、遥感、雷达等多源信息高效融合。

降雨预报是增加洪水预报预见期主要手段之一。未来应进一步加强水文气象耦合技术，包括短期洪水预报与雷达降雨预报及中尺度数值天气预报的结合，中长期水文预报与大气环流模型的结合，增加洪水预报预见期。

1.6.2.3 加强模型理论研究

通过收集更为长期及精确的水文气象资料、自然地理资料及人类活动资料，进一步开展室内和野外实验，加强模型产汇流等理论研究，检验、改进现有模型或构建新的水文模型，尤其是在气候变化和人类活动影响下（水土保持、大面积人工灌溉、城市化、水利工程开发等）模型的研究和改进，加强模型参数、模型时空尺度、模型不确定性等方面的进一步深入研究。

1.6.2.4 扩展模型应用

随着经济、社会发展及其全球化进程的需要，水文模型的应用进一步拓展。未来应进一步扩展水文模型在智能化实时洪水预报调度、洪水灾害预警与防控、水资源评价与管理、水环境水生态保护等方面的应用，尤其是变化环境下水文模型的应用，以更好地帮助人类有效地防御洪水、减少洪灾损失，有效利用水资源，服务于国家安全和国民经济建设。

主 要 参 考 文 献

［1］ 陈述彭，鲁学军，同成虎．地理信息系统导论［M］．北京：科学出版社，2000.

［2］ 陈阳波．流溪河模型［M］．北京：科学出版社，2009.

［3］ 陈阳宇．数字水利［M］．北京：清华大学出版社，2011.

［4］ 葛守西．现代洪水预报技术［M］．北京：中国水利水电出版社，1999.

［5］ 贾仰文，王浩，倪广恒，等．分布式流域水文模型原理与实践［M］．北京：中国水利水电出版社，2005.

［6］ 李志林，朱庆．数字高程模型［M］．武汉：武汉大学出版社，2001.

［7］ 刘昌明，郑红星，王中根，等．流域水循环分布式模拟［M］．郑州：黄河水利出版社，2006.

［8］ 芮孝芳．径流形成原理［M］．南京：河海大学出版社，2004.

［9］ 芮孝芳．水文学原理［M］．北京：中国水利水电出版社，2005.

［10］ 水利部水文局/长江水利委员会水文局．水文情报预报技术手册［M］．北京：中国水利水电出版社，2010.

［11］ 王建．现代自然地理学［M］．北京：高等教育出版社，2001.

［12］ 吴险峰，刘昌明．流域水文模型研究的若干进展［J］．地理科学进展，2002，21（4）：341-348.

［13］ 熊立华，郭生练．分布式流域水文模型［M］．北京：中国水利水电出版社，2004.

［14］ 徐宗学．水文模型［M］．北京：科学出版社，2017.

［15］ 杨胜天，赵长森．遥感水文［M］．北京：科学出版社，2019.

［16］ 张培昌，戴铁王，杜秉玉，等．雷达气象学［M］．北京：气象出版社，2001.

［17］ 中华人民共和国国家质量监督检验检疫总局/中国国家标准化管理委员会．水文情报预报规范［M］．北京：中国水利水电出版社，2008.

［18］ Abbott M B, Bathurst J C, Cunge J A, et al. An introduction to the European Hydrological System—SHE, 2：Structure of a physically-based, distributed modelling system［J］. Journal of Hydrology，1986，87（1-2）：61-77.

［19］ Bekiashev K, Serebriakov V. 洪水预报预警手册［M］. 刘志宇，侯爱忠，尹志杰，等，译．北京：中国水利水电出版社，2016.

［20］ Bergstrom S. The HBV model［A］//Computer Models of Watershed Hydrology［C］. 1995.

[21] Beven K J. Changing ideas in hydrology—the case of physically – based models [J]. Journal of Hydrology, 1989, 105: 157 – 172.

[22] Blöschl G, Reszler C, Komma J, et al. A spatially distributed flash flood forecasting model [J]. Environmental Modelling & Software, 2008, 23 (4): 464 – 478.

[23] Blöschl G, Sivapalanm M. Scale issues in hydrological modelling: A review [J]. Hydrological Processes, 1995, 9 (3 – 4): 251 – 290.

[24] Burnash R J, Ferreal R L, et al. A generalized streamflow Simulation System: Conceptual Modeling for Digital Computers [R]. U. S. Department of Commerce, National, 1973.

[25] Calver A, Wood W L, 1995. The institute of hydrology distributed model. Singh, V. P. (Ed.), Computer Models of Watershed Hydrology, Water Resources – Publications, Highlands Ranch, CO: 595 – 626.

[26] Carpenter T M, Georgakakos K P. Intercomparison of lumped versus distributed hydrologic model ensemble simulations on operational forecast scales [J]. Journal of Hydrology, 2006, 329: 174 – 185.

[27] Chiew F H S, Peel M C, Western A W, 2002. Application and testing of the simple rainfall – runoff model SIMHYD. In: Singh, V. P., Frevert, D. K. (Eds.), Mathematical Models of Small Watershed ydrology and Applications. Water Resources Publications, Littleton, Colorado.

[28] Crawford N H, Linsley R K. Digital simulation in hydrology: Stanford Watershed Model IV [R]. San Francisco: Stanford University, 1966.

[29] Fleming G. Computer Simulation techniques in hydrology [J]. New York: Elsevier, 1975.

[30] BevenK. Towards an Alternative Blueprint for a Physically Based Digitally Simulated Hydrologic Response Modeling System [J]. Hydrological Processes, 2002, 16 (2): 189 – 206.

[31] Hrachowitz M, Savenije H H G, Blöschl G. A decade of Predictions in Ungauged Basins (PUB)—a review [J]. Hydrological Sciences Journal, 2013, 58 (6): 1198 – 1255.

[32] Huffman G J, Adler R F, Bolvin D T, et al. The TRMM Multisatellite Precipitation Analysis (TMPA): Quasi – Global, Multiyear, Combined – Sensor Precipitation Estimates at Fine Scales [J]. Journal of Hydrometeorology, 2007, 8 (1): 38 – 55.

[33] Jakeman A J, Hornberger G M. How much complexity is warranted in a rainfall – runoff model [J]. Water Resources Research, 1993, 29 (8): 2637 – 2649.

[34] Keith Beven, Andrew Binley, 1992. The future of distributed models: model calibration and uncertainty prediction, Hydrological progresses, Vol. 6, 279 – 298.

[35] Maidment D R. Handbook of Hydrology [M]. McGraw – Hill Inc., New York, 1993.

[36] Martinec. Snowmelt – Runoff Models for stream flow forecasts [J]. Nordic Hydrology, 1975, 6 (3): 145 – 154.

[37] Michael Smith, Dong – Jun Seo, Victor Koren, 2004. The distributed model intercomparsion project (DMIP): motivation and experiment design. Journal of Hydrology, 298 (2004), 4 – 26.

[38] Moore R J, Cole S J, Robson A J. Weather radar and hydrology [M]. IAHS Press, 2012.

[39] Pereira Filho A J. Integrating gauge, radar and satellite rainfall [C]. The 2nd International Precipitation Working Group Workshop, 2004.

[40] Perrin C, Michel C, Andre′assian, V. Improvement of a parsimonious model for streamflow simulation [J]. Journal of Hydrology, 2003, 279: 275 – 289.

[41] Reed S, Koron V, Smith M. Overall distributed model intercomparison project results [J]. Journal of Hydrology, 2004, 298: 27 – 60.

[42] Singh V P. Computer Models of Watershed Hydrology [M]. Colorado: Water Resources Publications, 1995.

2 新安江模型

新安江模型是 1973 年由河海大学赵人俊教授领导的研究组在对新安江水库作入库流量预报工作中，结合当时产汇流方面的研究成果，提出了国内第一个完整的流域水文模型，可用于湿润地区和半湿润地区。

最初的新安江模型为二水源模型，只模拟地表径流和地下径流。20 世纪 80 年代初期，随着山坡水文学的发展，模型研制者将萨克拉门托模型与水箱模型中用线性水库函数划分水源的概念引入新安江模型，提出了三水源新安江模型，模型可以模拟地面径流、壤中流、地下径流。三水源新安江模型一般应用效果较好，但模拟地下水丰富地区的日径流过程精度不够理想。1984—1986 年又提出了四水源新安江模型，可以模拟地面径流、壤中流、快速地下径流和慢速地下径流。

新安江模型的特点是认为湿润地区的主要产流方式为蓄满产流，所提出的流域蓄水容量曲线是模型的核心。近几十年来，新安江模型不断改进，在中国已有很多流域应用成功，成为国内外广泛应用的水文模型之一。

2.1 模型基本原理与结构

新安江模型是分散性模型。当流域面积较小时，新安江模型采用集总模型；当面积较大时，采用分块模型。分块模型把流域分成许多单元流域，对每个单元流域做产、汇计算，得到单元流域的出口流量过程；再进行出口以下的河道洪水演算，求得流域出口的流量过程；把每个单元流域的出流过程相加，就求得了流域出口的总出流过程。

划分单元流域的主要目的是处理降雨分布的不均匀性，其次也便于考虑土地利用等下垫面条件的不同及其变化，特别是水库等人类活动的影响。因此单元流域应当大小适当，使得每块面积上的降雨分布比较均匀，并有一定数目的雨量站。其次尽可能使单元流域与自然流域相一致，以便于分析与处理问题，并便于利用已有的小流域水文资料。如果流域内有大中型水库，则水库以上的集水面积即应作为一个单元流域。因为各单元流域的产汇、流计算方法基本相同，以下只讨论一个单元流域的情况。

新安江模型包括 4 个计算环节：蒸散发计算、产流计算、水源划分、汇流计算。4 个计算环节分别概化了流域降雨径流的主要产、汇流物理过程。

新安江模型结构特点可以归纳为：①三分特点，即分单元计算产流、分水源坡面汇流和分阶段流域汇流；②模型参数少且大多数具有明确物理意义；③模型参数与流域自然条件的关系比较清楚，参数具有一定的区域规律；④模型中未设置超渗产流，适用于湿润与半湿润地区。

图 2.1-1 为三水源新安江模型结构示意图，其中在方框内表示的是状态变量，方框外表示的是模型参数。

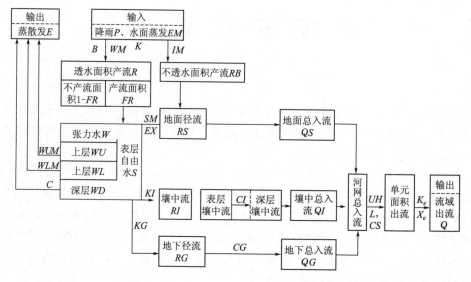

图 2.1-1 三水源新安江模型结构示意图

2.2 蒸散发计算

蒸散发在水量平衡中是很重要的一个部分，它在湿润地区占年雨量的近一半，在干旱地区则要占到 90%。因此蒸散发计算的结果直接影响径流计算的结果。实际应用中蒸散发往往缺乏实测值，需要用间接计算的方法来推求。

新安江模型中的蒸散发计算多采用三层蒸发计算模式。三层蒸散发模型将土层分为上层、下层、深层三个土层，各层蓄水容量分别为 WUM、WLM、WDM（WUM＝WM－WLM－WDM）。流域土层下渗蓄水和蒸散发的计算过程按下述原则进行：降雨首先补充上层，上层蓄满后再补充下层，下层蓄满后再补充深层；蒸发时先蒸发上层，上层蓄水量蒸发殆尽后再蒸发下层，下层蓄水量蒸发殆尽后再蒸发深层。

三层蒸散发模型的计算式如下：

（1）$P+WU \geqslant E_p$ 时：$EU=E_p$，$EL=0$，$ED=0$，$E=EU$； （2.2-1）

（2）$P+WU < E_p$，$WL \geqslant C \cdot WLM$ 时：$EU=P+WU$，

$$EL=(E_p-EU) \cdot \frac{WL}{WLM}, ED=0, E=EU+EL；\qquad (2.2-2)$$

（3）$P+WU < E_p$，$C \cdot (E_p-EU) \leqslant WL < C \cdot WLM$ 时：$EU=P+WU$，

$$EL=C \cdot (E_p-EU), ED=0, E=EU+EL；\qquad (2.2-3)$$

（4）$P+WU < E_p$，$WL < C \cdot (E_p-EU)$ 时：$EU=P+WU$，

$$EL=WL, ED=C \cdot (E_p-EU)-EL, E=EU+EL+ED。\qquad (2.2-4)$$

式中：C 为深层蒸散发系数。

2.3 产流计算

新安江模型产流部分的计算采用蓄满产流模式。蓄满产流指在流域包气带土壤湿度达到田间持水量以前不产流,所有的降雨都被土壤吸收;而在土壤湿度达到田间持水量之后,所有的降雨(除去同期的蒸散发)都产流。在产流后,流域包气带土壤的下渗能力为稳定下渗率,下渗的水分成为地下径流和壤中流,超蓄的部分成为地面径流。

考虑到流域内各点的蓄水容量并不相同,实际产流常常是在部分面积上产流,新安江模型引入一条流域蓄水容量曲线来刻画流域内各点蓄水容量的不均匀性,把流域内各点的蓄水容量概化成如图 2.3-1 所示的抛物线(也可概化成其他函数形式),其方程为

$$\frac{f}{F} = 1 - \left(1 - \frac{W'}{WMM}\right)^{B} \tag{2.3-1}$$

式中:f 为产流面积,km^2;F 为全流域面积,km^2;W' 为流域单点的蓄水量,mm;WMM 为流域单点最大蓄水量,mm;B 为蓄水容量面积曲线的指数。

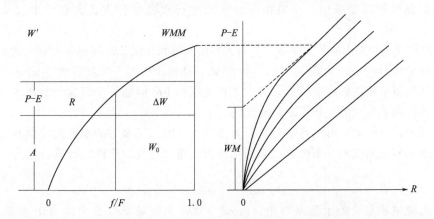

图 2.3-1 流域蓄水容量面积分配曲线与降雨径流间关系图

WMM 与 WM 的关系为

$$WMM = (1+b) \cdot WM \tag{2.3-2}$$

由式(2.3-1)和图 2.3-1,W_0 计算公式为

$$W_0 = \int_0^A \left(1 - \frac{f}{F}\right) \mathrm{d}W' = \int_0^A \left(1 - \frac{W'}{WMM}\right)^{B} \mathrm{d}W' \tag{2.3-3}$$

$$W_0 = \frac{WMM}{B+1} \left[1 - \left(1 - \frac{A}{WMM}\right)^{B+1}\right] \tag{2.3-4}$$

$$WM = \frac{WMM}{B+1} \tag{2.3-5}$$

$$A = WMM \left[1 - \left(1 - \frac{W}{WM}\right)^{\frac{1}{1+B}}\right] \tag{2.3-6}$$

总径流量 R 的计算公式为

$$R = \int_{A}^{P-E+A} \frac{f}{F} \mathrm{d}W' \tag{2.3-7}$$

若 $P-E+A<WMM$，即局部产流时

$$R = P-E-(WM-W_0)+WM \times \left(1-\frac{P-E+A}{WMM}\right)^{(1+B)} \tag{2.3-8}$$

若 $P-E+A \geqslant WMM$，即全流域产流时

$$R = P-E-(WM-W_0) \tag{2.3-9}$$

式中：W_0 为流域初始土壤蓄水量，mm；WM 为流域平均最大蓄水容量，mm；R 为总径流量，mm。

作产流计算时，模型的输入为 P、E，参数包括流域平均最大蓄水容量 WM 和蓄水容量面积曲线的指数 B，输出为流域产流量 R 及流域时段末平均含水量 W。

2.4 水源划分

三水源新安江模型采用一个自由水蓄水库进行水源划分方式。自由水蓄水库结构如图 2.4-1 所示。

按蓄满产流模型求出的产流量 R，先进入自由水蓄水库调蓄，再划分水源（图 2.4-1）。此水库有两个出口，一个为向下出口，形成地下径流 RG；一个向旁侧形成壤中流 RS。由于新安江模型采用蓄满产流概念，考虑了产流面积 FR 问题，所以这个自由水蓄水库只发生在产流面积上，它的底宽 FR 是变化的。

在产流面积 FR 上自由水蓄水容量分布是不均匀的。三水源的水源划分结构是采用类似于流域蓄水容量曲线的一条抛物线来表示自由水蓄水容量分曲线，计算公式为

$$\frac{f}{F} = 1 - \left(1-\frac{S'}{SMM}\right)^{EX} \tag{2.4-1}$$

式中：S' 为流域单点自由水蓄水容量，mm；SMM 为流域单点最大的自由水蓄水容量，mm；EX 为流域自由水蓄水容量面积分配曲线的方次。

流域自由水蓄水容量面积分配曲线如图 2.4-2 所示。

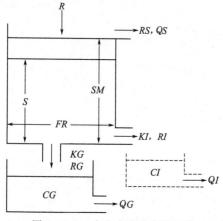

图 2.4-1 自由水蓄水库结构图

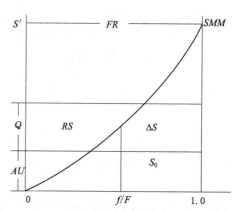

图 2.4-2 自由水蓄水容量面积分配曲线

S 计算公式为

$$S = \int_0^{AU} \left(1 - \frac{f}{F}\right) \mathrm{d}S' = \frac{SMM}{EX+1}\left[1 - \left(1 - \frac{AU}{SMM}\right)^{EX+1}\right] \qquad (2.4-2)$$

$$SM = \frac{SMM}{EX+1} \qquad (2.4-3)$$

$$AU = SMM\left[1 - \left(1 - \frac{S}{SM}\right)^{\frac{1}{1+EX}}\right] \qquad (2.4-4)$$

产流面积 FR 为

$$FR = \frac{R}{PE} \qquad (2.4-5)$$

当 $PE + AU < SMM$，地面径流 RS 为

$$RS = FR\left[PE - SM + S + SM\left(1 - \frac{PE+AU}{SMM}\right)^{EX+1}\right] \qquad (2.4-6)$$

如 $PE + AU \geqslant SMM$，则为

$$RS = FR(PE + S - SM) \qquad (2.4-7)$$

相应的壤中流和地下径流为

$$RI = KI \cdot S \cdot FR \qquad (2.4-8)$$

$$RG = KG \cdot S \cdot FR \qquad (2.4-9)$$

在对自由水蓄水库进行水量平衡计算时，存在一个差分计算的误差问题。常用的计算程序把产流量 R 放在时段初进入自由水蓄水库，而实际上它是在时段内均匀进入的，这就会造成向前差分的误差。这种误差有时会很大，需要设法消去。处理的方法是：每时段的入流量 R，按 5mm 为一段划分为 G 段，即

$$G = INT\left(\frac{R}{5} + 1\right) \qquad (2.4-10)$$

将计算时段 Δt 划分为 N 段，按 $\Delta t' = \Delta t / N$ 作为时段长进行计算，这样差分误差就很小了。

当计算时段长改变以后，由于产流面积 FR 是随着自由水蓄水容量的变化而变化的，它也要做相应的改变。改变后的计算时段和产流面积分别用 $\Delta t'$ 和 $FR_{\Delta t/N}$ 表示，则

$$FR_{\Delta t/N} = 1 - (1 - FR)^{\frac{\Delta t'}{\Delta t}} = 1 - (1 - FR)^{\frac{1}{N}} \qquad (2.4-11)$$

地下水的出流系数 KG、壤中流的出流系数 KI、地下水消退系数 CG 和壤中流消退系数 CI 都是以日（24h）为时段长定义的，当计算时段长改变以后，它们都要做相应的改变。如将一天划分为 D 个时段，时段的参数值以 $KG_{\Delta t}$ 和 $KI_{\Delta t}$ 表示，则

$$KI_{\Delta t} = \frac{1 - \left[1 - (KI + KG)\right]^{\frac{1}{D}}}{1 + KG/KI} \qquad (2.4-12)$$

$$KG_{\Delta t} = KI_{\Delta t}\frac{KG}{KI} \qquad (2.4-13)$$

计算时段改变后，$KG_{\Delta t}$和$KI_{\Delta t}$要满足以下两个关系式，即

$$KG_{\Delta t} + KI_{\Delta t} = 1 - [1 - (KG + KI)]^{\frac{1}{D}} \qquad (2.4-14)$$

$$KG_{\Delta t}/KI_{\Delta t} = KG/KI \qquad (2.4-15)$$

2.5　汇流计算

汇流计算可以采用两种方法。第一种方法：地面径流采用单位线汇流，壤中流和地下径流采用线性水库汇流至出口断面后与单位线汇流结果叠加，最后得到流域出口断面的模拟出流；第二种方法：忽略地面径流的坡面汇流阶段，直接进入河网，地下径流和壤中流汇流均采用线性水库作坡地调蓄后得到相应河网入流。三种水源的河网入流流量相加就是河网总入流。河网总入流经流域河网调蓄后得到流域出口断面的流量过程。

目前三水源新安江模型汇流多采用第二种方法，即地面径流的坡地汇流不计，直接进入河网，壤中流、地下径流汇流可采用线性水库或滞后演算法模拟。当壤中流汇流采用线性水库模拟时，计算公式为

$$QI(t) = QI(t-1) \times CI + RI(t) \times (1-CI) \times U \qquad (2.5-1)$$

式中：QI为壤中流，$\mathrm{m^3/s}$；CI为消退系数；RI为壤中流径流量，mm。

当地下径流汇流采用线性水库时，计算公式为

$$QG(t) = CG \times QG(t-1) + (1-CG) \times RG(t) \times U \qquad (2.5-2)$$

式中：QG为地下径流，$\mathrm{m^3/s}$；CG为消退系数；RG为地下径流量，mm；U为单位换算系数，$U = \dfrac{F(\mathrm{km^2})}{3.6 \times \Delta t(\mathrm{h})}$（$F$为流域面积）。

单元面积河网总入流

$$QT(t) = QS(t) + QI(t) + QG(t) \qquad (2.5-3)$$

单元面积河网汇流可采用单位线或滞后演算法模拟。当采用滞后演算法时，计算公式为

$$Q(t) = Q(t-1) \times CS + QT(t-L) \times (1-CS) \qquad (2.5-4)$$

式中：Q为单元面积出口流量，$\mathrm{m^3/s}$；CS为河网蓄水消退系数；L为滞后时间，h。

单元面积以下河道汇流计算采用马斯京根分段连续演算法，计算公式为

$$Q(t) = C_0 \times I(t) + C_1 \times I(t-1) + C_2 \times Q(t-1) \qquad (2.5-5)$$

式中：Q，I分别为出流和入流，$\mathrm{m^3/s}$。

2.6　模型参数

新安江模型的参数可分蒸散发计算、产流计算、分水源计算和汇流计算4类。其中，第一类蒸散发参数包括K、C、WUM、WLM；第二类产流参数包括WM、B、IM；第三类水源划分参数包括SM、EX、KG、KI；第四类汇流参数包括CG、CI、L、CS、X_e、K_e。

（1）K（蒸散发能力折算系数）。此参数控制着总水量平衡，因此，对水量计算是重要的。$K = k_1 \times k_2 \times k_3$。$k_1$是大水面蒸发与蒸发器蒸发之比，有实验数据可考察。$k_2$是蒸散发能力与大水面蒸发之比，其值在夏天为$1.3 \sim 1.5$，在冬天约为1。$k_3$用来把蒸发

站实测值改正至流域平均值，因此主要取决于蒸发站高程与流域平均高程之差。当采用 E-601 蒸发器时，$k_1 \times k_2 \approx 1$。

（2）C（深层蒸散发系数）。决定于深根植物的覆盖面积。据现有经验，在南方多林地区可达 0.18，而对北方半湿润地区则约为 0.08。

（3）WM（张力水容量）。分为上层 WUM，下层 WLM 与深层 WDM 三层。WM 也就是流域张力水最大缺水量，表示流域的干旱程度。在我国南方约为 100mm，北方半湿润地区约为 170mm。WUM 包括植物截留，在缺林地可取 5mm，多林地可取 20mm。WLM 常取为 60～90mm。据相关实验分析，在此范围内蒸散发大约与土湿成正比。$WDM = WM - WUM - WLM$。

（4）B（张力水蓄水容量曲线的方次）。此值取决于张力水蓄水条件的不均匀分布，因此在一般情况下与流域面积有关。据山丘区降雨径流相关图的分析，对于小于 5km² 的流域，$B = 0.1$；几百平方公里至一千平方公里时，$B = 0.2～0.3$；几千平方公里时，则 B 在 0.4 左右。

（5）IM（不透水面积的比例）。在天然流域比值很小，为 0.01～0.02，城镇地区则可能很大。

（6）SM（表层土自由水容量）。表层土是指腐殖土。该参数受降雨资料时段均化的影响，当用日为时段长时，在土层很薄的山区，其值为 10mm 或更小一些。在土深林茂透水性很强的流域，其值可达 50mm 或更大一些，一般流域为 10～20mm。当所取时段长减小时，SM 要加大。这个参数对地面径流的多少起决定性作用，因此很重要。

（7）EX（表层自由水蓄水容量曲线的方次）。它决定于表层自由水蓄水条件的不均匀分布。在山坡水文学里，它决定了饱和坡面流产流面积的发展过程。但由于缺乏研究，定量有困难。鉴于饱和坡面流由坡脚向坡上发展时，产流面积的增加逐渐变慢，所以 EX 应大于 1。EX 的值常为 1～1.5。

（8）$KG + KI$（表层自由水蓄水库对地下水和壤中流的日出流系数）。这两个出流系数是并联的，其和 $KG + KI$ 代表出流的快慢。对于一个特定流域它们都是常数。1000km² 左右的流域，从雨止到壤中流止的时间，一般为 3 天左右，相当于 $KG + KI = 0.7$。因为 $(1 - 0.7)^3 \approx 0.03$，即 3 天后自由水的余量只有 3%，可以认为已经退完。如果退水历时为 2 天，则 $KG + KI = 0.8$。但有的流域退水历时远大于 3 天，表示深层壤中流起了作用，应由参数 CI 来处理。

（9）KG/KI（地下水与壤中流的比）。KG 的大小决定于基岩与深土的渗透性，KI 的大小决定于表层土的渗透性，两者没有一定的关系，因此各个流域的 KG/KI 值可能相差很大。

（10）CG（地下水消退系数）。如以天作为计算时段长，则 CG 为 0.950～0.998，大致相当于消退历时为 20～500 天。

（11）CI（壤中流消退系数）。如无深层壤中流，$CI \rightarrow 0$。当深层壤中流很丰富时，$CI \rightarrow 0.9$，相当于汇流时间为 10 天。

（12）L 与 CS（滞后演算法中的滞后时间与河网蓄水消退系数）。它们取决于河网地貌。

（13）X_e 与 K_e（马斯京根法的两个参数）。根据河道的水力学特性可以推求出来。

参数率定时一般首先率定第一类参数，主要观察率定期的总水量是否与实测水量相近。其次率定第二类参数，主要观察次洪水的水量是否与实测水量相近。第三类参数的率定，主要观察次洪水的退水段过程的水量是否与实测水量相近。第四类参数的率定，主要观察次洪水的过程线是否拟合良好。参数率定过程中要反复对参数进行调试，直至满足精度要求。

主 要 参 考 文 献

［1］ 吉林省水文水资源局. 三水源新安江模型的应用［J］. 水文，1999：72-74.

［2］ 江燕，刘昌明，胡铁松，等. 新安江模型参数优选的改进粒子群算法［J］. 水利学报，2007（10）：1200-1206.

［3］ 李致家，孔祥光，张初旺. 对新安江模型的改进［J］. 水文，1998（4）：20-24.

［4］ 舒畅，刘苏峡，莫兴国，等. 新安江模型参数的不确定性分析［J］. 地理研究，2008（2）：343-352.

［5］ 王佩兰，赵人俊. 新安江模型（三水源）参数的检验［J］. 河海大学学报，1989（4）：16-20.

［6］ 王佩兰，赵人俊. 新安江模型（三水源）参数的客观优选方法［J］. 河海大学学报，1989（4）：65-69.

［7］ 徐宗学. 水文模型［M］. 北京：科学出版社，2009.

［8］ 姚成，纪益秋，李致家，等. 栅格型新安江模型的参数估计及应用［J］. 河海大学学报：自然科学版，2012，40（1）：42-47.

［9］ 姚成. 基于栅格的新安江模型研究［D］. 南京：河海大学，2009.

［10］ 赵人俊，王佩兰，胡凤彬. 新安江模型的根据及模型参数与自然条件的关系［J］. 河海大学学报，1992（1）：52-59.

［11］ 赵人俊，王佩兰. 新安江模型参数的分析［J］. 水文，1988（6）：2-9.

［12］ 赵人俊. 流域水文模拟-新安江模型与陕北模型［M］. 北京：水利电力出版社，1984.

［13］ Li H，Zhang Y，Chiew，et al. Predicting runoff in ungauged catchments by using Xinanjiang model with MODIS leaf area index［J］. Journal of Hydrology，2009，370（1-4）：155-162.

［14］ Zhao R J. The Xinanjiang Model Applied in China［J］. Journal of Hydrology，1992，135（1-4）：371-381.

3 萨克拉门托模型

萨克拉门托模型（Sacramento，简称萨克模型，SAC 模型）是美国天气局水文办公室萨克拉门托预报中心的 Burnash R. J. G. 等于 20 世纪 70 年代初期在第Ⅳ号斯坦福模型基础上改进和发展的模型。1973 年研制成功了日流量模拟程序，1975 年又进一步提出了 6h 时段模拟程序。萨克模型功能较完善，适应性较强，能用于大、中流域，又能用于湿润地区和干旱地区。

3.1 模型基本原理与结构

萨克模型以土壤水文的储存、渗透、运移、和蒸散发特性为基础，用一系列具有一定物理概念的数学表达式来描述径流形成的各个过程；模型中的每一个变量代表水文循环中一个相对独立的层次和特性；模型参数则是根据流域特性、降雨量和流量资料来推求。模型基本结构如图 3.1-1 所示。

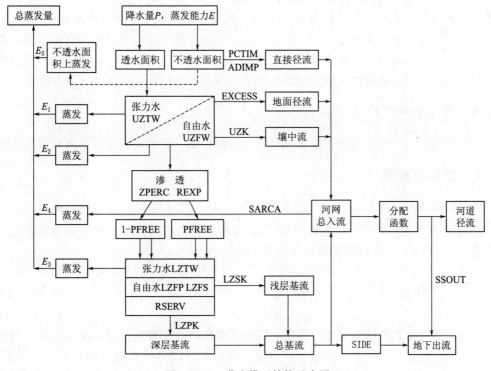

图 3.1-1　萨克模型结构示意图

3.1.1 流域划分

萨克模型将流域面积划分为透水面积、可变不透水面积、永久性不透水面积。可变不透水面积指土壤蓄水容量得到满足的那部分面积，流域未降雨、土壤较干时，这部分面积是可透水面积；降雨期间，随着下渗的进行，土壤蓄水量逐渐增加，当蓄水容量得到满足后，这部分面积变为不透水面积。永久性不透水面积指河槽水面及与河槽相连的湖泊、水库的水面。

3.1.2 土层划分

在透水面积上，根据土壤垂向分布的不均匀性，将土层分为上土层和下土层。

3.1.3 土壤水划分

根据土壤水分受力特性的不同，上下层均设置有张力水储存（UZTW、LZTW）和自由水储存（UZFW、LZFW）结构。下土层自由水储存又分为浅层自由水储存和深层自由水储存（LZFS、LZFP），即有

$$LZFW = LZFS + LZFP \tag{3.1-1}$$

张力水消耗于蒸散发，自由水可以产流。上下土层间的水分运动由下渗方程模拟。降雨下渗时，水分首先补充上层张力水，上层张力水容量得到满足后，多余水分成为上层自由水。上层自由水侧向出流为壤中流，上层自由水垂直下渗补充下层蓄水。上层自由水下渗的水量按一定比例同时补给下层张力水和自由水。在土壤干化过程中，当土层张力水蓄量与其容量之比值小于土层自由水蓄量与其容量之比值时，部分自由水转化为张力水，以起到相对平衡作用，保持着一个含水层剖面。有些流域可有一部分下层自由水被认为是在根系层之下，因此不会转化为张力水，这是因为下层蒸发是通过植物根系从土层张力水中吸收水分，再通过植物枝叶散发到空气中去，没有植物根系，自由水就不会转化。

3.1.4 水源划分及产流机制

水源划分为 5 种径流成分，即直接径流、地面径流、壤中流、浅层基流和深层基流。

3.1.5 流域蒸散发

蒸散发由透水面积上的上层张力水蒸散发量 E_1、透水面积上的上层自由水蒸散发量 E_2、透水面积上的下层张力水蒸散发量 E_3、河湖面积上的蒸发量和水生植物面积上的蒸散发量 E_4、可变不透水面积上的蒸发量 E_5 组成。

3.2 蒸散发计算

萨克模型采用先出后入的计算顺序，即根据时段初的土壤蓄水量情况和时段内的流域蒸散发能力，先计算时段内的流域蒸散发量，再计算时段内的降雨径流和土壤补充水量。设蒸散发皿观测值为 E，流域蒸散发系数为 $PEADJ$，则流域蒸散发能力 $ED = E \cdot$

$PEADJ$。萨克模型蒸散发计算式如下：

（1）上层张力水蒸散发量 E_1

当 $ED \cdot \dfrac{UZTWC}{UZTWM} < UZTWC$ 时　$E_1 = ED \cdot \dfrac{UZTWC}{UZTWM}(1 - PCTIM)$ 　　(3.2 - 1)

当 $ED \cdot \dfrac{UZTWC}{UZTWM} \geqslant UZTWC$ 时　$E_1 = UZTWC(1 - PCTIM)$ 　　(3.2 - 2)

式中：ED 为时段内的流域散发能力。

（2）上层自由水蒸散发量 E_2

当 $RED = 0$ 时　$E_2 = 0$。

当 $RED > 0$ 时，分两种情况计算：

$$UZFWC > RED，则 \qquad E_2 = RED \qquad\qquad (3.2 - 3)$$

$$UZFWC \leqslant RED，则 \qquad E_2 = UZFWC \qquad\qquad (3.2 - 4)$$

式中：RED 为上层张力水蒸发后的剩余蒸散发能力，$RED = ED - E_1$。

（3）下层张力水蒸散发量 E_3

当 $(RED - E_2) \cdot \dfrac{LZTWC}{UZTWM + LZTWM} \geqslant LZTWC$ 时　$E_3 = LZTWC$ 　　(3.2 - 5)

当 $(RED - E_2) \cdot \dfrac{LZTWC}{UZTWM + LZTWM} < LZTWC$ 时

$$E_3 = (RED - E_2) \cdot \dfrac{LZTWC}{UZTWM + LZTWM} \qquad\qquad (3.2 - 6)$$

式中：$RED - E_2$ 为上层自由水蒸发后的剩余蒸散发能力。

（4）河湖面积上的蒸发量和水生植物面积上的蒸散发量 E_4

当 $SARVE < PCTIM$ 时

$$E_4 = ED \cdot PCTIM \qquad\qquad (3.2 - 7)$$

当 $SARVE \geqslant PCTIM$ 时

$$E_4 = ED \cdot SARVE - (E_1 + E_2 + E_3)(SARVE - PCTIM) \qquad (3.2 - 8)$$

（5）可变不透水面积上的蒸发量 E_5

$$E_5 = \left[E_1 - (ED - E_1) \cdot \dfrac{ADIMC - E_2 - UZTWC}{UZTWM + LZTWM} \right] \cdot ADIMP \qquad (3.2 - 9)$$

对 E_5，有时认为其量甚小，可以不予考虑。

3.3　土壤水分计算

萨克模型设置了两种土壤水分的水平交换环节。

（1）上层土壤水的水平交换：在 E_1 和 E_2 蒸发之后，如果

$$\dfrac{UZTWC}{UZTWM} < \dfrac{UZFWC}{UZFWM} \qquad\qquad (3.3 - 1)$$

则令

$$UZTWC = UZTWM \cdot UZRAT \qquad\qquad (3.3 - 2)$$

$$UZFWC = UZFWM \cdot UZRAT \qquad (3.3-3)$$

其中
$$UZRAT = \frac{UZTWC + UZFWC}{UZTWM + UZTFWM} \qquad (3.3-4)$$

（2）下层土壤水的水平交换：在 E_3 蒸发之后，如果

$$\frac{LZTWC}{LZTWM} < \frac{LZFWC + LZFPC + LZFSC - SAVED}{LZFWM + LZFPM + LZFSM - SAVED} \qquad (3.3-5)$$

则令：

$$LZTWC = LZTWC + DEL \qquad (3.3-6)$$

$$LZFSC = LZFSC - DEL \qquad (3.3-7)$$

其中
$$SAVED = (LZFPM + LZFSM) \cdot RSERV \qquad (3.3-8)$$

$$DEL = \left(\frac{LZFWC + LZFPC + LZFSC - SAVED}{LZFWM + LZFPM + LZFSM - RSERN} - \frac{LZTWC}{LZTWM} \right) \cdot LZTWM \qquad (3.3-9)$$

式中：$SAVED$ 为下层自由水的保留量；DEL 为下层自由水向张力水的交换量。

如果 $DEL > LZFSC$，不足的部分由 $LZFPC$ 提供，而 $LZFPC = 0$。

3.4 产流计算

萨克模型有 5 种径流，即直接径流、地面径流、壤中流、浅层基流和深层基流。

（1）直接径流 DRO：包括永久性不透水面积上产生的直接径流 $ROIMP$ 和可变不透水面积上已经变为不透水的那部分面积（暂时不透水面积）上产生的直接径流 $SDRO$。萨克模型假定可变不透水面积上变为不透水的那部分面积（暂时不透水面积）的值取决于下土层的相对蓄水量的平方。$ROIMP$ 和 $SDRO$ 的计算分别见式（3.4-1）和式（3.4-2）。

$$ROIMP = PX \cdot PCTIM \qquad (3.4-1)$$

$$SDRO = PAV \left(\frac{LZTWC}{LZTWM} \right)^2 ADIMP \qquad (3.4-2)$$

式中：PX 为降雨量，mm；PAV 为有效降雨量，$PAV = PX + UZTWC - UZTWM$。

注意，如果 $PAV < 0$，则令 $PAV = 0$。

DRO 由式（3.4-3）计算：

$$DRO = ROIMP + SDRO \qquad (3.4-3)$$

（2）地面径流 $SSUB$：包括永久性透水面积上产生的地面径流 SUB 和可变不透水面积上未变为不透水的那部分面积（暂时透水面积）上产生的地面径流 $SSUB$。

$$SUB = PAVE \cdot PAREA \qquad (3.4-4)$$

式中：$PAVE$ 为超渗雨量，$PAVE = PAV - (UZTWM - UZTWC)$；$PAREA$ 为永久性透水面积占全流域的百分比，简称永久性透水面积。

$$SSUB = PAVE \cdot PPTIM \qquad (3.4-5)$$

式中：$PPTIM$ 为暂时透水面积，$PPTIM = \left[1 - \left(\frac{LZTWC}{LZTWM} \right)^2 \right] \cdot ADIMP$。

（3）壤中流 SIF：指上层自由水出流，当上层自由水蓄量为 $UZFWC$ 时，按下式计算：

$$SIF = UZFWC \cdot UZK \cdot (PAREA + PPTIM) \qquad (3.4-6)$$

式中：UZK 为上层自由水出流系数。

（4）浅层基流 SBF：指下土层浅层自由水出流，当下土层浅层自由水蓄量为 $LZFSC$ 时，按下式计算：

$$SBF = LZFSC \cdot LZSK \cdot (PAREA + PPTIM) \qquad (3.4-7)$$

式中：$LZSK$ 为下土层浅层自由水出流系数。

（5）深层基流 PBF：指下土层深层自由水出流，当下土层深层自由水蓄量为 $LZFPC$ 时，按下式计算：

$$PBF = LZFPC \cdot LZPK \cdot (PAREA + PPTIM) \qquad (3.4-8)$$

式中：$LZPK$ 为下土层浅层自由水出流系数。

3.5　下渗计算

模型中的下渗指上土层自由水向下土层入渗的水分运动，下渗的速率与下土层的含水量有关。饱和下渗率 $PBASE$ 指下土层饱和时，由上土层自由水向下层入渗的速率。土层饱和时，土层的入渗水量应与排出的水量相等，所以，饱和下渗率在数值上等于下层饱和时的排水率，即

$$PBASE = LZFSM \cdot LZSK + LZFPM \cdot LZPK \qquad (3.5-1)$$

非饱和下渗率取决于土层的下渗能力和供水条件，而土层的含水量决定了土层的下渗能力。萨克模型的下渗公式（即下渗曲线，如图 3.5-1 所示）由下式表达：

$$PATE = PBASE(1 + ZPERC \cdot DEFR^{REXP}) \qquad (3.5-2)$$

其中
$$DEFR = 1 - \frac{LZTWC + LZFSC + LZFPC}{LZTWM + LZFSM + LZFPM} \qquad (3.5-3)$$

式中：$PATE$ 为土层下渗能力；渗透参数 $ZPERC$ 为下土层从饱和变为干燥时的过程中，渗透率的递增倍比；$REXP$ 为下渗公式指数；$DEFR$ 为土层亏水比，刻画了下土层的缺水量（达到饱和时应增加的水量）。

由下渗公式计算出土层下渗能力后，任何时刻的土层下渗率就可以用下式计算：

（1）当 $\dfrac{UZFWC}{UZFWM} \cdot PATE < UZFWC$ 时；$PERC = \dfrac{UZFWC}{UZFWM} \cdot PATE \qquad (3.5-4)$

（2）当 $\dfrac{UZFWC}{UZFWM} \cdot PATE \geqslant UZFWC$ 时；$PERC = UZFWC \qquad (3.5-5)$

式中的比值代表了上土层的蓄水量，也即代表了它对下土层的供水能力。当计算出的下渗水量 $PERC$ 大于下土层的蓄水容量与蓄量之差时，多余的水量返回上土层。

上层下渗到下层的水量按分配比同时补充下层自由水和张力水。

$$\Delta LZFW = PERC \cdot PFREE \qquad (3.5-6)$$

$$\Delta LZTW = PERC \cdot (1 - PFREE) \qquad (3.5-7)$$

式中：$PFREE$ 为补充下层自由水和张力水的分配比。

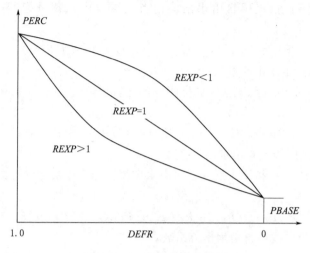

图 3.5-1 下渗曲线示意图

下层自由水获得的补充水量再按一定规则划归浅层和深层自由水。深层自由水的补充水量由下式计算:

$$PERCP = \frac{\Delta LZFW \cdot \dfrac{LZFPM}{LZFPM + LZFSM} \cdot \dfrac{LZFPM - LZFPC}{LZFPM}}{\dfrac{LZFPM - LZFPC}{2 \cdot LZFPM} + \dfrac{LZFSM - LZFSC}{2 \cdot LZFSM}} \qquad (3.5-8)$$

则浅层自由水的补充水量为

$$PERCS = \Delta LZFW - PERCP \qquad (3.5-9)$$

3.6 汇流计算

各种时段径流之和为河网总入流,河网总入流经河网汇流得流域出口断面径流过程。河网汇流采用单位线,当不同高程的河槽水力特性变化较大时,萨克模型采用"分层的马斯京根法"做进一步调蓄计算,但它对如何确定层宽及演算系数,没有说明。实际上,模型使用者可以采用任何河网汇流方法,例如河网汇流单位线。

3.7 模型参数

萨克模型的参数主要是与土壤蓄水量有关的 4 类 17 个参数,绝大多数具有物理概念,可以用自然地理和水文资料初步估计,再通过模型优化率定。

1. Ⅰ类参数: 3 个与直接径流有关的参数

(1) PCTIM: 河槽水面及与河槽相连的湖泊、水库的水面等不透水面积占全流域面积的百分比,称为永久性不透水面积。

(2) ADIMP: 可不变不透水面积占全流域面积的百分比,简称可变不透水面积。

(3) SARVA: 河槽、湖泊、水库及水生植物的面积占全流域面积的百分比。注意这个参数表示的面积概念与 PCTIM 有区别，SARVA 包括了未与河槽相连的湖泊、水库水面及水草面积，某个具体流域内可能有也可能没有这种面积。

2. Ⅱ类参数：3 个上层土壤含水量参数

(1) UZTWM：上层张力水容量，mm。

(2) UZFWM：上层自由水容量，mm。

(3) UZK：上层自由水日出流系数，或称侧向排水率。

3. Ⅲ类参数：2 个渗透参数

(1) ZPERC：与最大渗透率有关的参数，简称渗透参数。

(2) REXP：下层缺水率的一个指数，表示缺水率的变化对渗透率的非线性影响，此指数还表示流域土壤特性，简称渗透指数。

4. Ⅳ类参数，9 个下层土壤含水量参数

(1) PFREE：上层下渗水分进入下层自由水与进入下层张力水的分配比。

(2) LZTWM：下层张力水容量，mm。

(3) LZFSM：下层浅层自由水容量，mm。

(4) LZSK：下层浅层自由水日出流系数。

(5) LZFPM：下层深层自由水容量，mm。

(6) LZPK：下层深层自由水日出流系数。

(7) RSERV：不能转化为张力水的下层自由水所占下层自由水容量的比例（自由水容量中不参与蒸发的比例）。

(8) SIDE：未观测到的基流对观测到的基流的比值。

(9) SSOUT：沿河槽损失的流量，$m^3/s \cdot km^2$。

参数率定时一般首先模拟枯季地下水过程，其次模拟洪水退水段，再次模拟涨洪段，最后统一观察整个模拟期间的径流模拟情况。同样，率定后的模型还要经过检验才能使用。

(1) 下层深层自由水日出流系数 LZPK 与下层深层自由水容量 LZFPM。

选择峰后无雨，退水时间持续很长的大洪水，可认为退水流量后期是慢速地下水出流。

$$LZPK = 1 - \left(\frac{Q_N}{Q_0}\right)^{\frac{1}{N}} \qquad (3.7-1)$$

式中：Q_0 为计算时期的起始流量；Q_N 为第 N 天的流量，m^3/s。

(2) 下层浅层自由水日出流系数 LZSK 与下层浅层自由水容量 LZFSM。

从实测径流过程中减去深层径流，得到浅层径流估计值，然后用类似求 LZPK、LZFPM 的方法推求 LZSK 和 LZFSM。

(3) 永久性不透水面积 PCTIM。

选取较干旱后的小洪水，可认为洪水径流只是不透水面积上产生的径流，分割掉前期洪水的深层径流后得到本次洪水总径流 R，则

$$PCTIM = \frac{R}{P} \qquad (3.7-2)$$

式中：R 为本次洪水总径流，mm；P 为本次洪水总降雨量，mm。

（4）下层张力水容量 $LZTWM$。

选取长期干旱后的洪水，这种洪水一般不可能产生超渗雨，可认为洪水径流主要是透水面积上产生的壤中流和地下径流，不透水面积上产生的径流很小，可忽略。

（5）上层张力水容量 $UZTWM$。

选取前期干旱，雨量较大而洪水很小的洪水过程，可认为降雨刚好使透水面积上的上层张力水容量满足，但无径流产生；而洪水径流只是不透水面积上产生的径流。这样，降雨量减去不透水面积上产生的径流量，剩余水量可作为 $UZTWM$ 的初估值。

（6）上层自由水容量 $UZFWM$ 和上层自由水日出流系数 UZK。

$UZFWM$ 与上土层土壤类型和分布特征有关，用于调节地面径流和壤中流的比例，一般可取 15～30mm。UZK 与上土层土壤类型和分布特征有关，可用壤中流退水天数 N 粗估，一般认为壤中流 N 天以后基本退完，用下式表示：

$$UZK = 1 - 0.1^{\frac{1}{N}} \qquad (3.7-3)$$

（7）$SIDE$、$ADIMP$、$RSERV$、$PFREE$。

$SIDE$ 代表本流域与外流域的地下水交换量，如经调查流入大于流出，$SIDE>0$；反之，$SIDE<0$；此值一般很小。$ADIMP$ 可经验取为 0.01，$RSERV$ 可经验取为 0.3，$PFREE$ 可经验取为 0.3，以后优化调试。

（8）渗透参数 $ZPERC$ 和渗透指数 $REXP$。这两个参数与土壤特性有关，可见表 3.7-1。

表 3.7-1　　　　　　　　渗透参数 $ZPERC$ 和渗透指数 $REXP$ 的选用表

土壤类型	流量过程线特征	参数初选值
黏土	地表径流多、深层地下径流少	$ZPERC=75\sim200$
		$REXP=2.7\sim3.5$
粉沙	地表径流不多、深层地下径流中等	$ZPERC=20\sim75$
		$REXP=1.8\sim2.5$
砂土	无地表径流或仅仅在大洪水期间有地表径流、深层地下径流丰富	$ZPERC=5\sim20$
		$REXP=1.4\sim1.8$

（9）$SSOUT$ 和 $SARVA$。$SSOUT$ 通常取为 0，如果模拟过程线需要加上一个恒定的水量使效果更好，则所加水量就是 $SSOUT$。$SARVA$ 可用地图上所表示的水体及水生植物覆盖面积直接求得。

主 要 参 考 文 献

[1] 陈红刚，李致家，李锐，等. 新安江模型、TOPMODEL 和萨克拉门托模型的应用比较 [J]. 水力发电，2009，35（3）：14-18，25.

[2] 陈祖明，任守贤. 对萨克拉门托模型的研究 [J]. 成都科技大学学报，1982（2）：125-137.

[3] 林三益，薛焱森，晁储经，等. 斯坦福（Ⅳ）萨克拉门托流域水文模型的对比分析 [J]. 成都科技大学学报，1983（3）：83-90.

［4］ 刘金平，乐嘉祥. 萨克拉门托模型参数初值分析方法研究 ［J］. 水科学进展，1996 （3）：69－76.

［5］ 刘勇. 萨克拉门托水文模型在北京地区三个流域上的应用 ［J］. 水文，1983 （2）：41－50.

［6］ 水利部水文局/长江水利委员会水文局. 水文情报预报技术手册 ［M］. 北京：中国水利水电出版社，2010.

［7］ Burnash R J C，Ferral R L，et al. A generalized streamflow simulation system ［J］. Water Resources，1973.

［8］ Nash J E，Sutcliffe J V. River flow forecasting through conceptual models part I － A discussion of principles ［J］. Journal of Hydrology，1970，10 （3）：282－290.

4 水 箱 模 型

水箱（Tank）模型是日本防灾研究中心菅原正已博士在20世纪50年代潜心研究，于1961年正式提出的一种流域水文模型。该模型具有概念简单，计算方便，结构组合灵活等特点。通过水箱的串、并联可以构成多层并列Tank模型，可以模拟多种水源，对于水源组成较复杂的流域可能获得较好的模拟预报精度。水箱模型的问世，引起了国际水文学界的重视，各国相继开展了它的适用性研究。

水箱模型最初是用于日本本土水文规律研究，由于日本气候湿润，水田众多，模型的应用取得了巨大成功。但各国自然地理条件千差万别，特别是在干旱和半干旱地区，简单的水箱模型的适用性受到了挑战。20世纪六七十年代，菅原正已等又设计出了用于非湿润地区的水箱模型，在简单水箱模型的基础上加上了土壤水分结构，从而拓展了水箱模型的应用。

4.1 模型基本原理与结构

水箱模型把流域对降雨的调蓄作用看作若干个线性水箱的串并联构成的调蓄器，如图4.1-1所示。所谓线性水箱指水箱的出流孔出流流量 Q_t 与水箱的蓄水量 W_t 成正比，

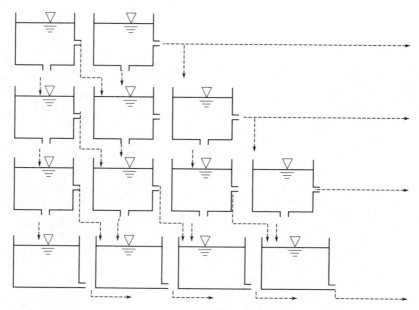

图 4.1-1　水箱模型结构示意图

即水箱应满足线性蓄泄方程：

$$Q_t = \lambda \cdot W_t \tag{4.1-1}$$

降雨过程经过调蓄器调蓄后转换为流域出口断面的流量过程。串联的水箱可以模拟不同土层的水源，并联的水箱可以模拟不同面积上的产流过程。

每个水箱的底孔出流可以模拟下渗，边孔出流可以模拟坡地水流。例如，第一列水箱可以表示流域分水岭地带的水分调蓄作用，它的水箱边孔出流可以流向地势更低的第二列水箱。

每个水箱的底孔和边孔出流系数都可以不同，每列水箱的层数也可以不同。因此，通过不同的串并联，可以构成不同的水箱模型，这使得水箱模型的结构十分灵活，可以模拟组成比较复杂的水源。

单一的水箱形式常见的有 4 种，如图 4.1-2 所示。

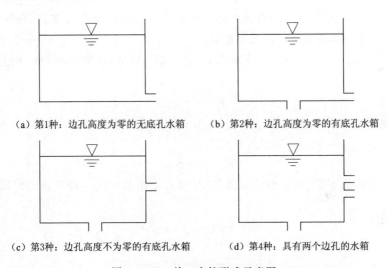

（a）第1种：边孔高度为零的无底孔水箱　　（b）第2种：边孔高度为零的有底孔水箱

（c）第3种：边孔高度不为零的有底孔水箱　　（d）第4种：具有两个边孔的水箱

图 4.1-2　单一水箱形式示意图

边孔具有一定高度的水箱，只有水箱的蓄水深度超过孔高后边孔才能出流，否则只能蓄水，不会出流。实用上，一般采用第 1 种、第 3 种、第 4 种水箱的串并联组成复杂水箱模型。

4.2　单一水箱模型

4.2.1　边孔高度为零的无底孔水箱出流

最简单的水箱是边孔高度为零无底孔的水箱，边孔出流可以模拟不透水面积上的直接径流。在水箱无入流的情况下，联解水箱的蓄泄方程与水量平衡方程：

$$Q_t = \lambda \cdot W_t \quad 蓄泄方程 \tag{4.2-1}$$

$$\frac{\mathrm{d}W_t}{\mathrm{d}t} = -Q_t \quad 水量平衡方程 \tag{4.2-2}$$

得到

$$Q_t = Q_0 \cdot e^{-\lambda \cdot t} \qquad (4.2-3)$$

式中：Q_t 为 t 时刻的出流量，m^3/s；Q_0 为时段初 $t=0$ 时刻的出流量，m^3/s；W_t 为水箱 t 时刻的蓄水量，m^3；λ 为线性水箱蓄泄方程的瞬时出流系数，$1/s$；t 为时间。

在区间 $[0，\Delta t]$ 积分式（4.2-3），得到水箱在计算时段 Δt 内的出流水量 ΔW（m^3/s）。

$$\Delta W = \int_0^{\Delta t} Q_t \cdot dt = \int_0^{\Delta t} Q_0 \cdot e^{-\lambda \cdot t} \cdot dt = -\left(\frac{1}{\lambda}\right) \cdot Q_0 \cdot e^{-\lambda \cdot t} \mid_0^{\Delta t}$$

$$= -\left(\frac{1}{\lambda}\right) \cdot Q_0 \cdot (e^{-\lambda \cdot \Delta t} - 1) = W_0 \cdot (1 - e^{-\lambda \Delta t}) \qquad (4.2-4)$$

令 $\Delta t = 1$ 为一个单位计算时段，则

$$(1 - e^{-\lambda \cdot \Delta t}) = \alpha \qquad (4.2-5)$$

称 α 为水箱的时段出流系数，一般也简称出流系数，但应注意其与水箱的瞬时出流系数 λ 相区别，λ 是一个有单位数，α 是无单位数。

通常将式（4.2-4）两边除流域面积 F，把 ΔW_0 和 W_0 换算为流域面积上的平均深度单位表示，即

$$R = \alpha \cdot S_0 \qquad (4.2-6)$$

式中：R 为水箱的时段出流水量，mm；S_0 为水箱时段初的蓄水量，mm。

应用时，将式（4.2-6）写成递推式，即

$$R_i = \alpha \cdot S_{i-1} \qquad (4.2-7)$$

当时段内有降雨量 P_i 时，模型直接把 P_i 加入水箱蓄水量，即水箱的时段出流水量计算式为

$$R_i = \alpha \cdot (S_{i-1} + P_i) \qquad (4.2-8)$$

再加上时段水量平衡式：

$$S_i = S_{i-1} + P_i - R_i \qquad (4.2-9)$$

就可逐时段计算水箱出流。

4.2.2　边孔高度为零的有底孔水箱出流

记边孔出流量和边孔出流系数分别为 R_s 和 α_s，底孔出流量和底孔出流系数分别为 R_f 和 α_f，两孔合为一孔，应用式（4.2-8），有

$$R_{s,i} + R_{f,i} = (\alpha_s + \alpha_f) \cdot (S_{i-1} + P_i) \qquad (4.2-10)$$

它等价于：

$$R_{s,i} = \alpha_s \cdot (S_{i-1} + P_i) \qquad (4.2-11)$$

$$R_{f,i} = \alpha_f \cdot (S_{i-1} + P_i) \qquad (4.2-12)$$

$$R_{s,i} + R_{f,i} = R_i$$

4.2.3　边孔高度不为零的有底孔水箱出流

这种水箱可以模拟初损，一次降雨开始之前，水箱蓄水一般低于边孔高度，当降雨开始后，初期降雨被蓄存在水箱中不能转换为径流，这部分水量称为初损。水箱出流计算

式为

当 $S_{i-1}+P_i \leqslant H$ 时有

$$R_{s,i}=0 \tag{4.2-13}$$

$$R_{f,i}=\alpha_f \cdot (S_{i-1}+P_i) \tag{4.2-14}$$

当 $S_{i-1}+P_i > H$ 时有

$$R_{s,i}=\alpha_s \cdot (S_{i-1}+P_i-H) \tag{4.2-15}$$

$$R_{f,i}=\alpha_f \cdot (S_{i-1}+P_i) \tag{4.2-16}$$

式中：H 为边孔高度。

4.2.4 有两个边孔的水箱出流

这种水箱的两个边孔可以模拟不同水源。在湿润地区，降雨不大时，可能只有深层渗漏和地下径流，则满足初损后的下边孔出流就可以模拟地下径流。降雨较大时，水箱蓄水超过第二边孔高度，第二边孔出流就可以模拟地表径流。原则上水箱还可以有多个边孔，模拟多种径流，但一般多以串联水箱来模拟多种径流。记第二个边孔出流量和出流系数分别为 R_g 和 α_g。

有两个边孔的水箱出流计算式如下：

(1) $S_{i-1}+P_i \leqslant H_1$

$$R_{s,i}=0 \tag{4.2-17}$$

$$R_{g,i}=0 \tag{4.2-18}$$

$$R_{f,i}=\alpha_f \cdot (S_{i-1}+P_i) \tag{4.2-19}$$

(2) $H_1 < S_{i-1}+P_i \leqslant H_2$

$$R_{s,i}=0 \tag{4.2-20}$$

$$R_{g,i}=\alpha_g \cdot (S_{i-1}+P_i-H_1) \tag{4.2-21}$$

$$R_{f,i}=\alpha_f \cdot (S_{i-1}+P_i) \tag{4.2-22}$$

(3) $H_2 < S_{i-1}+P_i$

$$R_{s,i}=\alpha_s \cdot (S_{i-1}+P_i-H_2) \tag{4.2-23}$$

$$R_{g,i}=\alpha_g \cdot (S_{i-1}+P_i-H_1) \tag{4.2-24}$$

$$R_{f,i}=\alpha_f \cdot (S_{i-1}+P_i) \tag{4.2-25}$$

而，$R_{s,i}+R_{g,i}+R_{f,i}=R_i$。

4.2.5 考虑土壤水分结构的水箱

在有些地区必须考虑土壤水分对产流的作用，例如，非湿润地区，必须考虑土壤水分对产流的作用。即使在湿润地区，有的流域也必须考虑土壤水分对产流的作用，才能取得比较好的模拟效果。当要考虑土壤水分对产流的作用时，可将土壤模型置于水箱底部。初期降雨主要满足土壤蓄水需要，满足土壤蓄水容量后的水分才作为自由水蓄存在水箱上部，如图 4.2-1（a）所示。土壤水分可分为第一土壤水和第二土壤水，第一土壤水可表示毛管水，第二土壤水可表示吸湿水。为表示方便，常将土壤水分结构画在水箱两边，如图 4.2-1（b）所示。

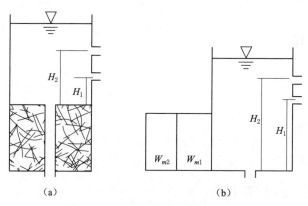

图 4.2-1　有土壤水分结构的水箱

当有降雨时，雨水首先供给第一土壤水，待其饱和后，剩余降水作为第一个水箱的自由水。自由水一部分下渗，一部分可能成为地表径流。当第一土壤水不饱和，而下层水箱又有自由水时，则下层水箱的自由水以毛管水形式上升，向上层的第一土壤水供水。

供水的大小与第一土壤水分的干燥度成正比，其计算公式如下：

$$T_1 = K_1 \left(1 - \frac{W_{c1}}{W_{m1}}\right) \qquad (4.2-26)$$

式中：T_1 为土壤水分向上移动速度；K_1 为常数；W_{c1} 为第一土壤水分的蓄水量；W_{m1} 为第一土壤水分的蓄水容量。

这种水分移动结构也可以不设置，模型应用者可以自行决定。

第一土壤水与第二土壤水之间也存在土壤水分的移动，移动速度与它们的相对湿度之差成正比，从湿的一方向干的一方移动，计算公式为

$$T_2 = K_2 \left(\frac{W_{c2}}{W_{m2}} - \frac{W_{c1}}{W_{m1}}\right) \qquad (4.2-27)$$

式中：T_2 为土壤水分水平移动速度；K_2 为常数；W_{c2} 为第二土壤水分的蓄水量；W_{m2} 为第二土壤水分的蓄水容量。

当第一土壤水不饱和、水箱本身有自由水时，水箱的自由水也应补充第一土壤水，但目前模型的开发者并未考虑这个问题，模型应用者可自行设计这部分结构。

当水箱有自由水时，其出流计算与前述有两个边孔的无土壤结构的水箱相同。

4.3　串联水箱模型

单一水箱在实际工作中很少见，一般都是采用串联水箱。水箱串联时，可以是两层、三层或四层。现以四层水箱（图 4.1-1）为例介绍其出流计算。第一层水箱设置两个边孔，用于模拟快速地表径流和慢速地表径流；一个底孔用于模拟下渗。第一层水箱设置了土壤水结构和边孔的孔高，可以模拟初损。只有当水箱土壤水蓄水容量得到满足且自由水蓄水深度超过设置的边孔孔高，才有直接径流出流。第二层水箱和第三层水箱结构相同，均设置一个边孔和一个底孔，边孔同样设置孔高。第二层水箱边孔出流可模拟壤中流，第三层水箱边孔出流可模拟浅层地下径流。第四层水箱只有一个边孔，不设孔高，边孔出流

可以模拟深层地下径流。

土壤水蓄水容量分为第一土壤水蓄水容量和第二土壤水蓄水容量，第一土壤水可表示流域土层毛管水，第二土壤水可表示流域土层吸湿水。各水箱底孔出流系数反映流域不同土层的下渗能力。

水箱模型的结构示意图如图 4.3-1 所示。

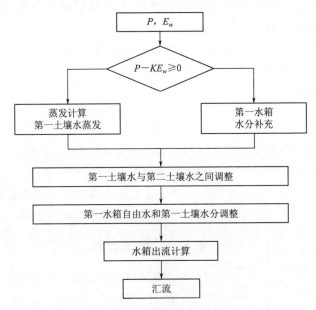

图 4.3-1　水箱模型结构示意图

4.3.1　蒸发计算

水箱模型没有固定的蒸发模式，模型设计者可以根据情况自行设计蒸发计算模式。例如可以采用一层蒸发模式，即流域蒸发量与流域蒸发能力和第一土壤水蓄水量成正比，计算公式如下：

$$E = E_p \frac{W_1}{W_{m_1}} \qquad (4.3-1)$$

式中：E 为流域蒸发量，mm；E_p 为流域蒸发量能力，mm，$E_p = KE_w$；K 为流域蒸散发折算系数；E_w 为蒸发观测值，mm；W_{m_1} 为第一土壤水蓄水容量，mm；W_1 为第一土壤水蓄水量，mm。

4.3.2　水分输移

当有降雨时，雨水首先进入第一层水箱，供给第一土壤水。当第一土壤水达到饱和后，剩余雨水作为第一层水箱的自由水，其中一部分成为地表径流流出，另一部分下渗到第二层水箱。

当第一层水箱孔高确定后，第一层水箱有无地表径流出流，取决于水箱的自由水蓄水深度。只有第一层水箱自由水蓄水深度大于第一个出流孔高度，才有地表径流出流，这种情况可以模拟流域降雨强度不大时形成的小洪水。当第一层水箱自由水蓄水深度大于第二个出流孔高度后，第二个出流孔开始出流，这种情况可以模拟流域降雨强度较大时形成的较大洪水。一部分水分通过底孔继续下渗，进入第二层水箱。

下渗到第二层水箱的水分补充水箱蓄水，当蓄水深度大于第二层水箱的出流孔高度后，形成壤中流出流。一部分水分通过底孔继续下渗，进入第三层水箱。

当第三层水箱的蓄水深度大于出流孔高度后，形成浅层地下水出流。一部分水分通过底孔下渗，进入第四层水箱。

第四层水箱容量很大，出流系数很小，可以形成较稳定的基流。第一土壤水和第二土壤水之间土壤设置有水分交换结构，水分移动方向与它们的相对湿度之差成正比地从湿的一方向干的一方移动，计算公式为

$$T = K_1 \left(\frac{W_1}{W_{m_1}} - \frac{W_2}{W_{m_2}} \right) \tag{4.3-2}$$

式中：T 为第一土壤水和第二土壤水之间土壤水分交换量，mm；K_1 为常数；W_{m_2} 为第二土壤水蓄水容量，mm；W_2 为第二土壤水蓄水量，mm。

当流域无降雨时，按一层蒸发模型从第一土壤水中蒸发水分，蒸发后，如果水箱中还有自由水则自由水补充第一土壤水。

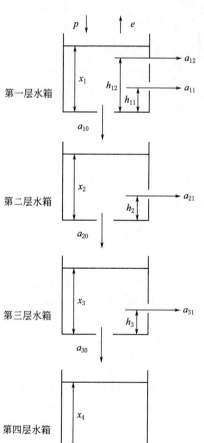

图 4.3-2　水箱模型出流计算示意图

4.3.3　出流计算

水箱模型出流计算示意图如图 4.3-2 所示。

第一层水箱出流计算：

$$q_1 = \begin{cases} 0 & x_1 \leqslant h_{11} \\ (x_1 - h_{11})a_{11} & h_{11} < x_1 \leqslant h_{12} \\ (x_1 - h_{11})a_{11} + (x_1 - h_{12})a_{12} & x_1 > h_{12} \end{cases}$$

$$f_1 = x_1 a_{10}$$

第二层水箱出流计算：

$$q_2 = \begin{cases} 0 & x_2 \leqslant h_2 \\ (x_2 - h_2)a_{21} & x_2 > h_2 \end{cases}$$

$$f_2 = x_2 a_{20}$$

第三层水箱出流计算：

$$q_3 = \begin{cases} 0 & x_3 \leqslant h_3 \\ (x_3 - h_3)a_{31} & x_3 > h_3 \end{cases}$$

$$f_3 = x_3 a_{30}$$

第四层水箱出流计算：

$$q_4 = x_4 a_{41}$$

式中：x_1、x_2、x_3、x_4 为各层水箱时段初的蓄水量；q_1、q_2、q_3、q_4 为各层水箱出流量；f_1、f_2、

f_3 为各层水箱下渗量；a_{11}、a_{12}、a_{21}、a_{31}、a_{41} 为各层水箱边孔的出流系数；a_{10}、a_{20}、a_{30} 为各层水箱底孔的出流系数；h_{11}、h_{12}、h_2、h_3 为各层水箱出流孔高度。

设第一层水箱时段末的蓄水量为 x_1'，时段降雨量为 p，时段蒸发量为 e，则

$$x_1' = x_1 + p - e - q_1 - f_1$$

设第二层水箱时段末的蓄水量为 x_2'，则

$$x_2' = x_2 + f_1 - q_2 - f_2$$

设第三层水箱时段末的蓄水量为 x_3'，则

$$x_3' = x_3 + f_3 - q_3 - f_3$$

设第四层水箱时段末的蓄水量为 x_4'，则

$$x_4' = x_4 + f_3 - q_4$$

4.3.4 汇流计算

水箱模型的创建者菅原正巳最初是将水箱出流推迟一个滞时作为流域出流的，滞时大多由模拟情况决定。后来的研究者根据具体情况加入了反映河道调蓄作用的结构，模型使用者可以将水箱出流作为河网总入流，再采用河网汇流单位线作河网调蓄汇流，也可以采用其他汇流方法。例如，用经验单位线计算地面径流汇流，线性水库作地下径流汇流等。

4.3.5 模型参数

水箱模型的参数主要有各水箱的底孔和边孔出流系数、孔高及流域蒸散发系数等。由于模型的参数无客观的选定标准，也无相应的数学方法，一般只能通过试错进行优选。流域蒸散发折算系数的初定与其他模型相同。

4.3.5.1 参数初选

水箱模型原则上用一层水箱模拟一种水源，因此，底孔和边孔出流系数，可根据流域标准退水曲线初定。在率定期内，选择若干峰后无雨的退水过程，制作流域标准退水曲线，取其下外包线为流域地下径流标准退水曲线，称其为第一标准退水曲线。将第一标准退水曲线与各条退水曲线相减，得到一组新的退水曲线，对其制作新的标准退水曲线可获得第二标准退水曲线。依次类推，可以获得代表流域不同水源退水规律的多条标准退水曲线。用标准退水曲线就可以获得相应水源的水箱出流系数，现以两层水箱模型为例说明参数的初定方法。

绘制好流域若干选定的退水过程线后，取其外包线，如图 4.3-3 所示。该外包线即为第一标准退水曲线。再将标准退水曲线绘制于半对数坐标上，一般呈现为直线。已知线性水箱（实际上就是线性水库）的退水方程为

$$Q_t = Q_0 \cdot e^{-\lambda \cdot t} \tag{4.3-3}$$

解出

$$\lambda = (\ln Q_t - \ln Q_0)/t \tag{4.3-4}$$

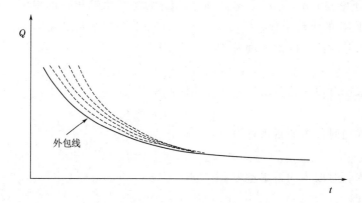

图 4.3 - 3　第一标准退水曲线示意图

可见半对数坐标上直线的斜率就是线性水箱的瞬时出流系数，由 4.2 节的式（4.2 - 5）可以算出水箱的时段出流系数 α。这种方法求出的是第一层水箱的总出流系数。如果水箱有两个边孔和一个底孔，则水箱三个出流孔的出流系数之和应等于总出流系数。如何将总出流系数 α 分配为 3 个出流孔的出流系数 α_0、α_1、α_2，没有方法可循，只能凭经验初定。

对第二层水箱，由前述方法绘出第二标准曲线后，类似于推求第一层水箱的出流系数步骤，初定第二层水箱的出流系数。

水箱边孔高度的初定，通常是根据次雨和次洪水过程的分析初定，这需要有一定的模型制作经验。

4.3.5.2　参数率定

选择不同峰型的大、中、小洪水过程作参数优选依据。优选遵循以下原则往往可起到事半功倍之效：

（1）串联时上层水箱模拟的是地表径流，当计算过程峰段模拟不好是可以调整上层水箱的参数。例如计算洪峰偏小，可增加边孔出流系数或增加边孔数目。

（2）第二层水箱通常模拟地下径流，当计算过程退水尾部模拟不理想时，调整第二层水箱的参数，或增减上层水箱底孔的出流系数，以便增加或减小下渗水量。如果仍旧拟合不好，可考虑增加第三层水箱。

（3）如果计算过程的峰前流量比实测偏大，峰后较实测偏小，可以加大上层水箱下渗，或增加第二层水箱的边孔出流，也可以抬高上层水箱边孔高度，降低第二层水箱边孔高度。

水箱模型中各参数是互相不独立的，在调试过程中，应边观察模拟过程边调试，逐个参数进行试错，一般经过几轮调试就能获得较好结果。

4.4　并联水箱模型

在非湿润地区或者湿润地区的干旱季节，流域内各处的土壤含水量是分布不均匀的。为考虑流域不同地带的产流特性，可以采用并联水箱。例如，河谷地带更容易先产流，分水岭地带由于土层含水量小一些，可能更不容易产流。特别在非湿润流域，一部分地区较湿润，一部分则地区较干旱。湿润面积上容易产生地表径流，而干旱面积上的降雨可能被土壤吸收成为土壤水，很可能不会产生径流。当降雨开始后，湿润面积由河谷逐渐向上扩展。这种土层产流特性的差异可近似表示为图 4.4-1，图中把流域分成了 $S_1, S_2, \cdots, S_m$（$m=4$）几个带。

流域分带后，每一个带可用一组串联水箱来模拟，其中顶层水箱具有土壤水分结构，如图 4.4-2 所示。每列串联水箱参数均不相同，每层的结构也允许不一样，例如，有的水箱只设一个边孔，有的水箱可设两个边孔。但通常采用的结构是各层结构都相同，只是第一层水箱的土壤蓄水容量参数不相同。模型中，自由水沿水平和垂直两个方向运动。每个水箱接受来自同一带上层水箱和同一层地势高的相邻水箱来水，同时向同一带下层水箱和同一层地势低的相邻水箱供水，但模型中第一层水箱的侧向出流中有一部分直接注入河网。

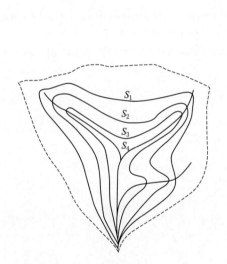

图 4.4-1 流域分带示意图

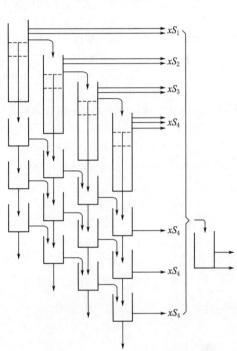

图 4.4-2 流域并联水箱模型

流域分带面积 $S_1, S_2, \cdots, S_m$ 通常采用相对值表示，即用各带面积与全流域的面积比表示。如果有详细水文、地形、地质资料时，可以直接确定 $S_1, S_2, \cdots, S_m$。如果缺乏上述资料，就只能试算优选。试算时假定各带面积比 $S_1, S_2, \cdots, S_m$ 分配服从几何级数，公比由试算确定，例如，取公比为 3、5/2、2 等，当 $m=4$ 时，则有

$$S_1 : S_2 : S_3 : S_4 = 3^3 : 3^2 : 3^1 : 3^0 \tag{4.4-1}$$

$$S_1 : S_2 : S_3 : S_4 = \left(\frac{5}{2}\right)^3 : \left(\frac{5}{2}\right)^2 : \left(\frac{5}{2}\right)^1 : \left(\frac{5}{2}\right)^0 \tag{4.4-2}$$

$$S_1 : S_2 : S_3 : S_4 = 2^3 : 2^2 : 2^1 : 2^0 \tag{4.4-3}$$

显然分带面积比之和应等于 1。

主 要 参 考 文 献

［1］　包为民. 水文预报［M］.5 版. 北京：中国水利水电出版社，2017.

［2］　孙娜，周建中，张海荣，等. 新安江模型与水箱模型在柘溪流域适用性研究［J］. 水文，2018，38（3）：37－42.

［3］　水利部水文局，长江水利委员会水文局. 水文情报预报技术手册［M］. 北京：中国水利水电出版社，2010.

［4］　汤成友，项祖伟，缪韧，等. 水箱模型在大尺度流域实时洪水预报模型研制中的应用［J］. 水文，2007（5）：36－38，51.

［5］　汤成友. 三峡入库洪水预报水情站网论证及水箱模型的应用研究［D］. 成都：四川大学，2005.

［6］　徐宗学. 水文模型［M］. 北京：科学出版社，2009.

［7］　詹道江，叶守泽. 工程水文学［M］.3 版. 北京：中国水利水电出版社，2000.

［8］　赵人俊. 降雨径流流域模型简述［J］. 人民黄河，1983（2）：40－43.

［9］　赵兴民，周运天. 关于水箱模型不同时段长参数转换的计算与研究［J］. 水文，1983（6）：24－28.

［10］　Sugawara M. Tank model with snow component［R］. Japan：The National Research Center for Disaster Prevention，1984.

［11］　Sugawara M，Watanabe I，Ozaki E，et al. Tank model programs for personal computer and the way to use［R］. Japan：National Research Center for Disaster Prevention，1961，5－21.

［12］　Zhang J M. Off－line and on－line of a conceptual rainfall－runoff model TANK model［J］. Journal of Water Resources Development，1982.

5 斯坦福模型

斯坦福流域水文模型（简称 SWM）是世界上最早也是最有名的流域水文模型之一。斯坦福模型由斯坦福土木工程系 Crawford N. H. 与 Linsley R. K. 等研制，从 1959 年开始，到 1966 年完成第Ⅳ号模型（SWMⅣ），一共历时 8 年时间。

5.1 模型基本原理与结构

第Ⅳ号斯坦福流域水文模型的基本结构如图 5.1-1 所示。模型的建立以流域水量平

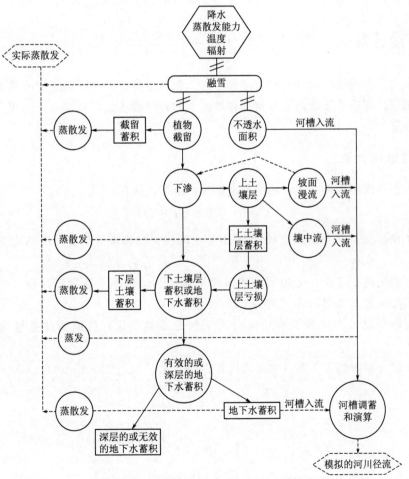

图 5.1-1 斯坦福流域水文模型基本结构

衡为基础，主要模块有融雪、下渗、蒸散发、河网总入流和河网汇流。模型中设计了4个蓄水层以控制土壤水分剖面和地下水状态，分别是上土壤层蓄积、下土壤层蓄积、浅层地下水蓄积和深层地下水蓄积（蓄积一词指的是能蓄存水分的物理结构的蓄水量）。土壤水分蓄积控制着坡面漫流、下渗、壤中流、地下水及蒸散发。

模型中实际蒸散发的来源包括：①融雪蓄积；②植物截留蓄积；③上土壤层蓄积；④下土壤层蓄积；⑤地下水蓄积；⑥河湖表面。

模型中河川径流的来源包括：①不透水面积上的直接径流；②坡面漫流；③壤中流；④浅层地下径流。它们从不同途径进入河槽，形成河网总入流，河网总入流经过河槽调蓄演算，得到出口断面的流量过程线。

与新安江模型一样，斯坦福模型也把流域面积分成透水面积和不透水面积两部分。降落在不透水面积上的雨量，以地面径流形式直接注入河网。降落在透水面积上的雨量，扣除植物截留后称为"落地雨"，经过地表作用被分成地表滞蓄水量、壤中流滞蓄水量和下渗量。地表滞蓄水量及壤中流滞蓄水量经上土层作用后分成上土层蓄积、补给河流的坡面漫流和壤中流。下土层从上土层蓄积和下渗量中获得补充，在其作用下由分为下土层蓄积和地下水蓄积。地下水蓄积除去蒸发和深层下渗量后，全部供给河网。

5.2　下渗计算

模型中对下渗的模拟，分直接下渗和滞后下渗两部分。直接下渗指雨水可直接渗入土壤剖面的情况；滞后下渗指雨水可蓄存在坡面上的暂时蓄水处，如洼地，水田等。下渗涉及落地雨计算。

5.2.1　落地雨计算

落地雨指降雨扣除植物截留后的剩余水量，由下式计算：

$$\overline{X} = P + EPX - EPXM \tag{5.2-1}$$

式中：$\overline{X}$ 为落地雨；P 为时段降雨量；EPX 为时段初植物截留蓄积；$EPXM$ 为植物截留蓄积容量。

落地雨的去路有3个：①形成地表滞蓄增量；②形成壤中流滞蓄增量；③直接下渗量。这3部分的划分如图5.2-1所示。

注意斯坦福流域水文模型在研制时采用的是英制单位，后面所述各量均不再注明单位。

下渗容量分布曲线的 b 端点由下式计算：

$$当 \frac{LZS}{LZSN} \leqslant 1.0 \text{ 时, } b = CB / 2^{4 \cdot \frac{LZS}{LZSN}} \tag{5.2-2}$$

$$当 \frac{LZS}{LZSN} > 1.0 \text{ 时, } b = CB / 2^{\left[4 + 2 \cdot \left(\frac{LZS}{LZSN} - 1 \right) \right]} \tag{5.2-3}$$

式中：LZS 为下土层平均蓄水量；$LZSN$ 为下土层平均蓄水容量；CB 为控制下渗量级的

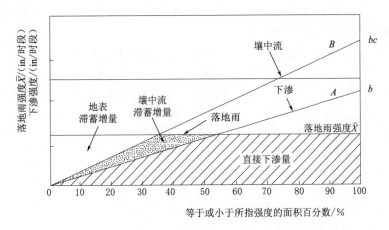

图 5.2-1　斯坦福模型的下渗函数和壤中流函数

参数。

下渗容量分布曲线的 $b \cdot c$ 端点值是 b 和 c 的乘积，其中的 c 值由下式计算：

$$c = CC \times 2^{\frac{LZS}{LZSN}} \tag{5.2-4}$$

式中：CC 为壤中流分配参数。

5.2.2　直接下渗计算

落地雨在地面进行第一次分配，如图 5.2-1 所示，在落地雨量 $\overline{X}$ 大于等于流域下渗容量的地方，满足地面下渗后的多余水分转化为地表滞蓄量，地面下渗水分成为下土层的供水。在土层相对不透水层（下土层）界面上，地面下渗水分被再一次分配，如图 5.2-1 所示，在地面下渗水分强度大于等于相对不透水层下渗容量的地方，满足相对不透水层下渗后的多余水分转化为壤中流滞蓄量，进一步下渗的水分滞蓄在土壤中称为净下渗量。

如上所述，落地雨经两次分配后转化为了三部分水量，三部分水量视情况不同按表 5.2-1 中公式计算。

表 5.2-1　　　　　　　　落地雨分配函数

分配水量	$\overline{X} < b$	$b \leqslant \overline{X} < \overline{b} \cdot c$	$\overline{X} \geqslant \overline{b} \cdot c$
时段净下渗量 IND	$\overline{X} - \dfrac{\overline{X}^2}{2 \cdot b}$	$\dfrac{b}{2}$	$\dfrac{b}{2}$
时段壤中流积蓄增量 $\Delta SRGX$	$\dfrac{\overline{X}^2}{2 \cdot b}\left(1 - \dfrac{1}{c}\right)$	$\overline{X} - \dfrac{b}{2} - \dfrac{\overline{X}^2}{2 \cdot b \cdot c}$	$\dfrac{b}{2}(c-1)$
地表滞蓄增量 ΔD	$\dfrac{\overline{X}^2}{2 \cdot b \cdot c}$	$\dfrac{\overline{X}^2}{2 \cdot b \cdot c}$	$\overline{X} - \dfrac{b \cdot c}{2}$

表中公式均可由图 5.2-1 中的下渗分布曲线推出。

5.2.3　滞后下渗计算

地表滞蓄增量 ΔD 一部分形成坡面滞蓄量 $\Delta D_{坡}$，另一部分 $\Delta D_{上}$ 进入上土层蓄积

UZS。模型用一个分配百分比 P_r 划分这两部分水量，而 P_r 与上土层含水量有关。

1. ΔD 进入上土壤层蓄积的水量

按定义有：$\Delta D_上 = P_r \cdot \Delta D$。记 $UZSN$ 为上土层蓄积容量，则

当 $\dfrac{UZS}{UZSN} < 2$ 时　　$P_r = 100 \cdot \left[1 - \dfrac{UZS}{UZSN} \cdot \left(\dfrac{1}{1 + UZI1} \right)^{UZI1} \right]$ 　　(5.2-5)

当 $\dfrac{UZS}{UZSN} \geqslant 2$ 时　　　$P_r = 100 \cdot \left(\dfrac{1}{1 + UZI2} \right)^{UZI2}$ 　　(5.2-6)

$$UZI1 = 2 \cdot \left| \dfrac{UZS}{2 \cdot UZSN} - 1 \right| + 1 \qquad (5.2-7)$$

$$UZI2 = 2 \cdot \left| \dfrac{UZS}{UZSN} - 2 \right| + 1 \qquad (5.2-8)$$

式中：$UZSN$ 为土壤层蓄积容量。

式（5.2-5）~式（5.2-8）所代表的关系，可由图 5.2-2 明显地表达出来。

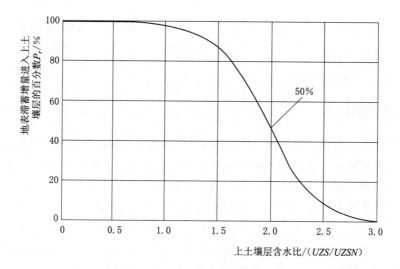

图 5.2-2　分配百分比 P_r 与上土层的相对含水量的关系

由图可见当 $\dfrac{UZS}{UZSN} < 0.5$ 时，几乎全部 ΔD 进入上土层蓄积，无坡面漫流产生。

上土层的水量平衡：上土层没有出流，其蓄水消耗于渗漏和蒸发。上土层的水量平衡方程为

$$UZS_2 = UZS_1 + \Delta D_上 - E_2 - PERC \qquad (5.2-9)$$

其中　　　　　　$PERC = 0.003 \cdot b \cdot c \cdot \left(\dfrac{UZS}{UZSN} - \dfrac{LZS}{LZSN} \right)^2 \qquad (5.2-10)$

式中：E_2 为上土壤层蒸发；$PERC$ 为上土壤层向下土壤层的渗漏。

注意，当计算的 $PERC < 0$ 时，取为 0。

2. 坡面漫流滞蓄量 $\Delta D_坡$

ΔD 中扣除进入上土壤层的水分，其余为面漫流滞蓄量。

$$\Delta D_{坡}=(1-P_r)\cdot \Delta D \qquad\qquad (5.2-11)$$

5.3 蒸散发计算

流域的蒸散发包括植物截留蒸散发 E_1、上土层蓄积蒸散发 E_2、下土层蓄积蒸散发 E_3、地下水蓄积蒸散发 E_4 和水面蒸发 E_5 等 5 部分蒸散发。

流域蒸散发能力首先用于蒸发植物截留，计算植物截留蒸散发 E_1 后，如果还有剩余蒸发能力，则再计算上土层蓄积蒸散发 E_2。若还有剩余蒸发能力，则进一步蒸发下土层蓄积，即计算 E_3。在计算 E_3 时，模型考虑了下土层蓄积分布的不均匀性，引入了蒸散发几率分布曲线，如图 5.3-1 所示。

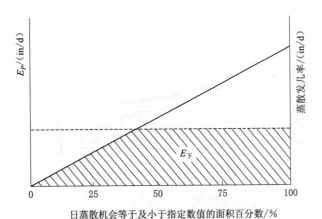

图 5.3-1 下土层蓄积蒸散发几率分布曲线

E_3 的计算公式如下：

$$E_3=E_p-\frac{E_p^2}{2r} \qquad\qquad (5.3-1)$$

$$r=K_3\cdot \frac{LZS}{LZSN} \qquad\qquad (5.3-2)$$

式中：E_p 为扣除了 E_1、E_2 后的剩余蒸发能力；K_3 为蒸散发几率参数。

如果下土层蓄积蒸发后还有剩余蒸发能力且植物根系能达到浅层地下水，则从地下水蓄积量中扣除水量得 E_4。

水面蒸发 E_5 按蒸发能力蒸发。E_5 乘以水面面积权重加其余蒸发量之和乘陆面面积权重，最终得到流域蒸散发量。

5.4 产流计算

模型包括 4 种水源：坡面漫流、地表径流、壤中流、地下径流。地表径流指不透水面积上产生的径流，地表径流不经调蓄，直接注入河网，速度最快。坡面漫流指透水面积上坡面产生的径流，它经坡面调蓄后注入河网，速度较快。壤中流指坡地土层中产生的径流，沿坡向侧向流动注入河网，速度次之。地下径流注入河网的速度最慢。

5.4.1 坡面漫流出流计算

1. 稳定坡面蓄积量

假如净雨的强度不变，坡面漫流最终可以达到一个稳定的水面线，如图 5.4-1 所示。这时，坡面漫流的入流与出流达到平衡状态，坡面蓄积达到一个稳定的蓄积量 $D_{坡e}$。其值与坡面的物理特性有关，可以用下时计算：

$$D_{坡e} = \frac{0.000818 \cdot i^{0.6} n^{0.6} L^{1.6}}{S^{0.3}} \qquad (5.4-1)$$

式中：$D_{坡e}$ 为坡面稳定蓄积量；i 为净雨强度；n 为坡面糙率；L 为坡面长度；S 为坡面坡度。

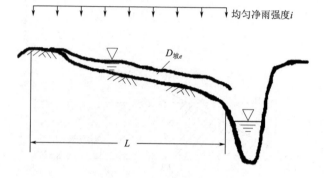

图 5.4-1　坡面漫流示意图

2. 坡面漫流出流公式

基本公式采用曼宁公式：

$$q = \frac{1.486}{n} y^{\frac{5}{3}} S^{\frac{1}{2}} \qquad (5.4-2)$$

式中：q 为坡面出流流量；y 为坡面水流末端水深。

稳定流状态下：

$$y = \frac{8}{5} \cdot \frac{D}{L} \qquad (5.4-3)$$

式中：D 为某时刻 t 的坡面蓄积量；L 为坡面长度。

在一般情况下，经过水文科研人员分析研究，用实测资料归纳验证所得的坡面出流深度与坡面滞蓄的最佳经验关系式为

$$y = \frac{\overline{D_{坡}}}{L} \left[1 + 0.6 \left(\frac{\overline{D_{坡}}}{D_{坡e}} \right)^3 \right] \qquad (5.4-4)$$

把式 (5.4-3) 代入式 (5.4-1) 得到一般情况下的坡面出流经验公式：

$$q = \frac{1.486}{n} S^{0.5} \left(\frac{\overline{D_{坡}}}{L} \right)^{\frac{5}{3}} \left[1 + 0.6 \left(\frac{\overline{D_{坡}}}{D_{坡e}} \right)^3 \right] \qquad (5.4-5)$$

$$\overline{D_{坡}} = 0.5(D_{坡1} + D_{坡2}) \qquad (5.4-6)$$

式中：$D_{坡1}$、$D_{坡2}$为时段始末的坡面蓄积量。

坡面蓄积量的水量平衡方程为

$$D_{坡2} = D_{坡1} + \Delta D_{坡} - q\Delta t \qquad (5.4-7)$$

$D_{坡1}$已知，$\Delta D_{坡}$由式（5.2-10）计算，但计算 q 时要用到 $D_{坡2}$，因此必须由式（5.4-5）、式（5.4-6）、式（5.4-7）试算求解 q 和 $D_{坡2}$。

5.4.2 壤中流出流计算

壤中流蓄积 $SRGX$ 经一次线性水库调蓄成为壤中流出流 $INTF$，即

$$INTF = LIRC_4 \cdot \overline{SRGX} \qquad (5.4-8)$$

$$\overline{SRGX} = 0.5 \cdot (SRGX_1 + SRGX_2) \qquad (5.4-9)$$

式中：$SRGX_1$、$SRGX_2$为时段始末的壤中流蓄积量；$LIRC_4$为壤中流时段出流系数；当计算时段 $\Delta t = 15\min$ 时，按下式计算：

$$LIRC_4 = 1 - IRC^{\frac{1}{96}} \qquad (5.4-10)$$

式中：IRC 为壤中流日退水系数。

壤中流蓄积量的水量平衡方程为

$$SRGX_2 = SRGX_1 + \Delta SRGX - INTF \qquad (5.4-11)$$

类似于坡面漫流出流计算，$SRGX_1$已知，$\Delta SRGX$ 由表 5.2-1 中相应公式计算，但计算 $INTF$ 时要用到 $SRGX_2$，因此必须由式（5.4-8）至式（5.4-11）试算求解 $INTF$ 和 $SRGX_2$。

5.4.3 地下径流出流计算

1. 下土层蓄积和地下水蓄积

入渗到下土层的水量包括时段净下渗量 IND 和滞后下渗中上土壤层向下土壤层的渗漏量 $PERC$，斯坦福模型规定一个分配百分比，把入渗到下土层的水量分配至地下水蓄积 ΔSGW 和下土层蓄积 ΔLZS，即

$$\Delta SGW = P_g \cdot (IND + PERC) \qquad (5.4-12)$$

$$\Delta LZS = (1 - P_g) \cdot (IND + PERC) \qquad (5.4-13)$$

式中：P_g为地下水蓄积和下土层蓄积的分配百分比。

P_g可按下式计算：

当$\dfrac{LZDS}{LZSN} \leqslant 1$时

$$P_g = 100 \left[\frac{LZS}{LZSN} \left(\frac{1}{1+LZI} \right)^{LZI} \right] \qquad (5.4-14)$$

当$\dfrac{LZDS}{LZSN} > 1$时

$$P_g = 100 \left[1 - \left(\frac{1}{1+LZI} \right)^{LZI} \right] \qquad (5.4-15)$$

其中

$$LZI = 1.5 \left| \frac{LZS}{LZSN} - 1 \right| + 1 \qquad (5.4-16)$$

下土壤层蓄积 LZS 不产生出流，但它却是控制下渗和壤中流的重要因素，必须根据水量平衡方程逐时段递推，可列出其水量平衡方程如下：

$$LZS_2 = LZS_1 + \Delta LZS - E_3 \qquad (5.4-17)$$

2. 地下水出流计算

任意时段从地下水蓄积中的出流量与含水层的横断面面积和水流能比降的乘积成正比，即符合达西公式所描述的规律。在模型中，假定水流的代表性断面面积与地下水蓄积成正比，并假定能比降是一个基本比降加上一个随地下水的增长而变化的比降，则任一时段地下水的出流量 GWF 可由下式给出：

$$GWF = LKK_4(1 + KV \cdot GWS) \cdot SGW \tag{5.4-18}$$

式中：GWF 为地下水出流流量；LKK_4 为地下水时段出流系数；KV 为地下水能比降参数；GWS 为地下水坡度指标；SGW 为地下水蓄积量。

当计算时段 $\Delta t = 15\text{min}$ 时，可按下式计算 LKK_4：

$$LKK_4 = 1 - KK_{24}^{\frac{96}{24}} \tag{5.4-19}$$

式中：KK_{24} 为地下水日出流系数。

GWS 需要逐日按下式计算，即

$$GWS_i = 0.97 \cdot (GWS_{i-1} + \Delta LZS_i) \tag{5.4-20}$$

如果流域存在深层地下水，则进入地下水的时段蓄积量 ΔSGW 可以用一个分配系数进一步划分为深层地下水时段蓄积量 $\Delta SLZW$，余下水量才补充地下水的蓄积，即

$$\Delta SLZW = K_{24}L \cdot \Delta SGW \tag{5.4-21}$$

$$SGW = LZS_1 + \Delta SGW - \Delta SLZW \tag{5.4-22}$$

$$SLZW = SLZW_1 + \Delta SLZW \tag{5.4-23}$$

式中：$K_{24}L$ 为深层地下水蓄积和地下水蓄积的分配百分比；LZS_1、$SLZW_1$ 为时段始末的地下水蓄积和深层地下水蓄积。

深层地下水蓄积通常指不活动的地下水，它可能经过很长时期才缓慢地流出本流域。一般情况下都不需要考虑深层地下水结构。

3. 地表径流和河网总入流计算

地表径流指不透水面积上产生的径流，地表径流不经调蓄，直接注入河网。

由透水面积上的坡面漫流、壤中流、地下径流之和渗透水面积权重，再加上地表径流乘不透水面积权重而得。

5.5 汇流计算

第Ⅳ号斯坦福流域水文模型采用克拉克（C. O. Clark）汇流曲线作河网汇流计算。这种方法认为：河槽入流在向出口断面运动时，有远有近，到达出口断面的汇流时间不同，并且还受河槽蓄水的调节而发生坦化。克拉克将这两种作用分别进行处理：入流离出口断面的远近用等流时线来处理；坦化作用用水库型的蓄水来演算。这实际上是等流时线法的改进。

5.5.1 等流时线汇流曲线

以河槽稳定流的曼宁公式

$$t = \frac{n \cdot L}{5370 \cdot y^{\frac{2}{3}} S^{\frac{1}{2}}} \tag{5.5-1}$$

可计算长为 L 的河槽稳定流的汇流时间。斯坦福模型将式（5.5-1）的曼宁公式用于非稳定流的洪水汇流计算。假定流域主河槽的长度为流域出口断面延至分水岭的长度 L，则可用式（5.5-1）计算流域汇流时间 t。将 t 按计算时段 Δt 等分为 n，然后按图示绘制等流时线，如图 5.5-1 所示。量取各等流时面积 ω_i，按下式计算等流时面积权重，如图 5.5-2 所示。

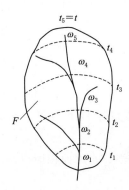

图 5.5-1 流域等流时线示意图

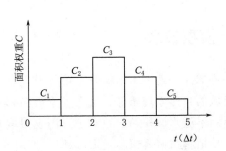

图 5.5-2 流域等流时面积权重分布图

$$C_i = \frac{\omega_i}{F} \quad (i=1,2,\cdots,n) \tag{5.5-2}$$

$C_i (i=1,2,\cdots,n)$ 就是《水文学原理》所讲的等流时线法汇流计算的汇流曲线。设计算时段 $\Delta t=1$ 为单位时段，已知等流时线法汇流曲线为 $C_0,C_1,C_2,\cdots,C_n$；河网总入流过程为 $I_1,I_1,\cdots I_m$，则出口断面流量过程为

$$Q_0=0$$
$$Q_1=I_1 \cdot C_1 \tag{5.5-3}$$
$$Q_2=I_1 \cdot C_2+I_2 \cdot C_1$$
$$\cdots$$

等流时线法未考虑河槽蓄水的调节作用，因此，直接用其汇流曲线做流域河网汇流计算的效果较差，克拉克对此做了进一步的改进。

5.5.2 克拉克法汇流计算

克拉克将等流时线法汇流的结果再用一个假想的水库做一次线性调蓄，使之考虑洪水的坦化作用。

设假想的线性水库为

$$O=K \cdot W \tag{5.5-4}$$

水库水量平衡方程为

$$\frac{\mathrm{d}W}{\mathrm{d}t}=Q-O \tag{5.5-5}$$

联解式（5.5-4）和式（5.5-5）得

$$\frac{\mathrm{d}O}{\mathrm{d}t}=K(Q-O) \tag{5.5-6}$$

写成差分式

$$\frac{O_2-O_1}{\Delta t}=K\left(\frac{Q_2+Q_1}{2}-\frac{O_2+O_1}{2}\right) \tag{5.5-7}$$

或写作

$$O_2=\frac{Q_2+Q_1}{2}-\frac{1/K-\Delta t/2}{1/K+\Delta t/2}\cdot\left(\frac{Q_2+Q_1}{2}-O_1\right)=\overline{Q}-KS_1(\overline{Q}-O_1) \tag{5.5-8}$$

由式（5.5-8）可递推求出流域出口断面的流量过程 O_t。

5.6 模型参数

不考虑深层地下水结构时，第Ⅳ号斯坦福流域水文模型共有 17 个参数，大多数可以根据流域的自然地理条件、水文气象资料和实验公式初定。

（1）不透水面积 A：可在地形图上量取与河网相连的湖泊、水库面积而得。

（2）植物截留蓄积容量 $EPXM$，见表 5.6-1。

表 5.6-1　　　　　　　　　　　　植物截留蓄积容量表

流域植被覆盖	$EPXM$	流域植被覆盖	$EPXM$
草地	0.10	浓度的森林	0.20
中度的森林	0.15		

（3）蒸散发几率参数 K_3，见表 5.6-2。

表 5.6-2　　　　　　　　　　　　植物截留蓄积容量表

流域植被覆盖	K_3	流域植被覆盖	K_3
裸地	0.20	稀疏的森林	0.28
草地	0.23	浓度的森林	0.30

（4）深层地下水蓄积和地下水蓄积的分配百分比 $K_{24}L$：不考虑深层地下水蓄积，该值取 0，若要考虑，则调试确定，其值很小，对模型模拟结果影响不大。

（5）深层地下水蒸发面积参数：不考虑深层地下水蓄积，该值取 0，若要考虑，则调试确定。

（6）坡面漫流的坡面长度 L 和坡度 S：可由地形图推求。

（7）坡面糙率 n：参照表 5.6-3 选取。

表 5.6-3　　　　　　　　　　　　坡 面 糙 率 选 择 表

流域植被覆盖	n	流域植被覆盖	n
荒坡	0.014	浓密的草皮	0.350
黏土	0.030	浓密的混生灌木林和森林	0.4
稀疏的草皮	0.020		

（8）河网退水系数 KS_1、壤中流日退水系数 IRC、地下水日出流系数 KK_{24}：利用不同水源的退水过程可推求此3个参数，见萨克模型有关内容。

（9）地下水能比降参数 KV：为考虑地下水蓄积增量造成的地下水能比降的变化，模型中引入参数 KV，它的作用只影响地下水退水段，可以调试确定。

（10）不透水面积 ETL：指水面面积，可以用流域地形图估计。

（11）壤中流分配参数 CC：控制壤中流时段增量与地面蓄积时段增量分配的参数，其取值范围为 $0.5\sim0.3$，最终可以调试确定。

（12）上土壤层蓄积容量 $UZSN$、下土壤层蓄积容量 $LZSN$、净下渗参数 CB：三个参数不独立，一般由前人经验可用以下方法初定。

1）$LZSN$ 的初定：

在季节性降雨的地方，按下式初定 $LZSN$。

$$LZSN=4+\frac{1}{4}P_y$$

全年降雨比较均匀的地方，按下式初定 $LZSN$。

$$LZSN=4+\frac{1}{8}P_y$$

式中：P_y 为多年平均降雨量。

2）$UZSN$ 的初定：设 $UZSN=K \cdot LZSN$，K 值见表 5.6-4。

表 5.6-4   K 值取用表

流 域 情 况	K
陡峭山坡，有限植被，低的洼地蓄积	0.06
中等山坡，中等植被，中等洼地蓄积	0.08
大量植被或森林，土壤疏松，大量的洼地蓄积，缓坡	0.14

主 要 参 考 文 献

[1] 林三益，薛焱森，晁储经，等.斯坦福（Ⅳ）萨克拉门托流域水文模型的对比分析［J］.成都科技大学学报，1983（3）：83-90.

[2] 林三益，薛焱森.斯坦福第Ⅳ号模型和萨克拉门托流域模型的对比分析［A］//水文预报论文选集［C］.北京：水利电力出版社，1985.

[3] Crawford N H，Linsley R K. The synthesis of continuous streamflow hydrographs on a digital computer ［D］. San Francisco：Stanford University，1962.

[4] Crawford N H，Linsley R K. Digital simulation in hydrology：Stanford Watershed Model Ⅳ ［R］. San Francisco：Stanford University，1966.

6 SWAT 模 型

6.1 模型概述

SWAT（soil and water assessment tool）是由美国农业部农业研究中心（USDA-ARS）开发的分布式流域水文模型，目的是研究和模拟在大流域复杂的土壤类型、土地利用方式和管理措施条件下，土地管理对水分、泥沙和污染物的长期影响。SWAT 模型经历了不断的改进，在水资源和环境流域中得到广泛应用。

6.1.1 模型发展

SWAT 作为一种非点源污染模拟模型，已被并入 BASINS（better assessment science integrating point and nonpoint sources）。BASINS 由美国环境保护署（USEPA）开发，其主要目的是在全国范围内分析和估计最大日负荷 TMDL（total maximum daily loads）。SWAT 模型自 20 世纪 90 年代初开发以来，已经经历了不断的扩展。模型主要的改进版本如下：

（1）SWAT94.2：添加了水文响应单元。

（2）SWAT96.2：添加了自动施肥和自动灌溉；添加了冠层存储；添加了 CO_2 模块以模拟气候变化对作物生长的影响；Penman-monteith 潜在蒸散发方程；基于动力存储模型的壤中流；河道内营养物水质方程 QUAL2E；河道内杀虫剂演算。

（3）SWAT98.1：改进融雪演算；河道水质模型改进；营养物循环演算扩展；放牧、粪肥使用和管道排水；修改模型以适用于南半球。

（4）SWAT99.2：改进营养物循环，稻田/湿地演算改进，水库/池塘/湿地营养物沉淀去除；河岸存储；河道重金属演算；将年代设置从 2 位变为 4 位；SWMM 模型的城市累积/冲刷和 USGS 回归方程。

（5）SWAT2000：细菌输移演算；Green 和 Ampt 下渗；改进天气发生器；允许太阳辐射、相对湿度和风速的读入或生成；允许潜在 ET 值的读取或计算；高程带过程改进；允许模拟无数个水库；Muskingum 演算；修正的作物休眠模拟计算以适用于热带地区。

（6）SWAT2005：改进了杀虫剂输移模块；增加了天气预报情景分析；增加了日以下步长的降水量发生器；使在计算每日 CN 值时使用的滞留参数可以是土壤水容量或者植物蒸散发的函数；增加了敏感性分析和自动率定与不确定性分析模块。

（7）SWAT2009：改进了细菌运移模块；增加了天气预报情景模拟，日以下时间步长的降水量生成器；逐日 CN 计算中用到的滞留参数可能是土壤含水量或植被蒸散发的函数；更新了植被过滤带模型；改善了硝态氮和铵态氮干湿沉降的计算；增加了对当地污水系统的建模。目前，SWAT 仍在不断改进并推出新的版本。SWAT 模型有一定的适用范围，在具体应用时可以根据实际情况进行改进和提高，目前主要的改进形式有 SWIM、SWATMOD、SWAT-G 和 ESWAT 等。SWAT 模型的主要发展过程如图 6.1-1 所示。

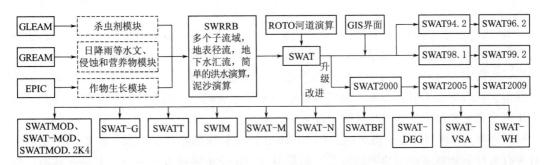

图 6.1-1　SWAT 模型的主要发展过程

SWAT 与 Arcview 相结合构成 AVSWAT，与 ArcGIS 相结合构成了 ArcSWAT，充分利用 Arcview 和 GIS 在数据输入、存储和处理方面的功能，尤其是空间数据；AVSWAT/ArcSWAT 模型会根据输入的 GIS 地图、输入数据文件及属性数据库自动生成 SWAT 模型输入文件，同时也提供了对每个子流域修改输入文件的界面。模型输入文件生成后，运行模型即可进行流域非点源污染模拟。模拟结果可以在 Arcview/ArcGIS 中进行分析和显示。

6.1.2　模型特点

（1）SWAT 模型属于物理模型。SWAT 模型不使用回归方程来描述输入变量和输出变量之间的关系，而是需要流域内的天气、土壤属性、地形、植被和土地管理措施的特定信息，动植物生长，营养物质循环等，并可以使用输入数据进行直接模拟。其优点是可以对无监测数据的流域，不同输入数据（如管理措施的变化、气候和植被等）对水质或者其他变量的相对影响可以进行定量化。

（2）运算效率高。对于大面积流域或者多种管理决策进行模拟时不需要进行过多的时间。

（3）输入数据易获取。虽然 SWAT 可以模拟十分专业化的过程，如细菌输移等，但是运行模型所必需的基本数据如 DEM、土地利用、土壤类型、气象、水文数据等可以较容易地收集。

（4）连续时间模型，能够进行长期的模拟。要解决有关污染物逐渐积累和对下游水体影响的问题，有时需要在模型运行几十年的基础上对结果进行分析。SWAT 模型可以进行长期的连续时间模拟。

（5）模型将流域划分为多个子流域进行模拟。当流域不同面积的土地利用和土壤类型在属性上的差异足够影响水文过程时，在模拟中使用子流域是非常有用的，将流域划分为子流域，可以对流域内不同面积进行空间定位。每个子流域的输入信息可以分成几类：气候、水文响应单元 HRU、水池/湿地主河道或河段、排水流域。水文响应单元是子流域内集总的陆地面积，包含唯一的陆地覆盖、土壤和管理组合。为了精确预测农药、泥沙或者营养物质的运动，模型模拟的水文循环必须同流域的实际水文循环相同。

（6）模型的局限性。水文模型通常具有一定的局限性，模型的局限性产生于模型使用的数据，模型本身的不足和在不适用的情形下使用模型。SWAT 模型存在的局限性具体如下：

1）大尺度水文模拟难以反映降雨量的空间差异。SWAT 模型用距离子流域质心最近的雨量站数据代表整个子流域降雨量，因此当子流域面积较大且降雨空间差异较大时，会产生较大误差。另外，如果缺失较多降雨数据，模型很难弥补。因为 SWAT 模型中可用于模拟实测数据缺失时日降水、温度等数据的天气生成程序只能在一点产生天气序列，而大尺度水文模拟所需的天气生成程序还未开发成功。

2）SWAT 模型假定子流域中的每个 HRU 含有相同的特征。例如，在单个子流域中对所有的草地和森林使用相同的坡度，而草地通常位于山谷或者平原上，但是森林通常位于比草地更为陡峭的区域。当流域中的一种土地利用具有不同地形特征时，这个问题就更加突出。

3）在 SWAT 模型中，具有较小面积的土地利用通常不被考虑，因而有些小面积的陆地覆盖类型如未硬化的路面、小面积裸地、建筑用地和中耕作物等不能进行模拟，而这些小面积区域可能比相同面积草地的产沙量大几百倍甚至上千倍。

4）SWAT 模型只能通过均一地在地表 10mm 土层增加营养物质来模拟农业化肥施用。实际情况下，在地表的化肥直到降雨发生时才会进入土壤中，在施肥后的前几次降雨发生时，营养物质同地表径流的相互作用相对于 SWAT 模型模拟来说更加重要。即在 SWAT 模型中，模拟的营养物质浓度并不能在施肥时急剧升高。当使用 SWAT 模型进行日均或者月均模拟时，这些局限性更加明显，而基于年均进行模拟时，影响则相对较小。

5）SWAT 模型不能用来模拟详细的基于场次的洪水和泥沙演算。虽然更短的、更加灵活的时间步长是模型改进的主要方面，但是目前模型主要以日为步长。

6）泥沙演算方程相对简化。模型对河床描述较为简单化，假设河道在整个模拟期内都是静止不变的。但如果模拟 100 年或更长时间是不合理的。模型因此增加了模拟河道下切和边坡稳定性的算法，允许河道的范围和大小连续地更新。但是河床的复杂性仍需要更深入的描述。

7）水库演算是源于小水库而开发的，基于完全混合的假设。水库出流的计算过于简化，没有考虑对出流的控制。对于模拟大型水库，这些方面还有待于改进。

6.2 模型基本原理与结构

6.2.1 模型原理

SWAT 模型将流域分成多个子流域和水文响应单元 HRU，各 HRU 独立计算物质循环及其关系，进行汇总演算，求得水量平衡要素，用于模拟地表水和地下水的水质和水量，长期预测土地管理措施对具有多种土壤、土地利用和管理条件的大面积复杂流域的水文、泥沙和农业化学物质产生的影响。SWAT 模型主要含有三个子模型：水文过程子模型、土壤侵蚀子模型和污染负荷子模型。

流域的水文模拟分为两个阶段：①水循环的陆地阶段，控制进入子流域的水、沉积物、富营养物质和杀虫剂的数量；②水循环的演算阶段，定义通过流域水网到流域出口的水、沙等物质的运动。

6.2.1.1 水循环陆地阶段

SWAT 模型水文循环陆地阶段主要由以下部分组成：天气和气候、水文过程、土地利用/植被生长、营养物质/杀虫剂、侵蚀、土壤温度和农业管理。模拟的水文循环基于水量平衡方程：

$$SW_t = SW_0 + \sum_{i=1}^{t} (R_{day} - Q_{surf} - E_a - W_{seep} - Q_{gw}) \tag{6.2-1}$$

式中：SW_t 为土壤最终含水量，mm；SW_0 为土壤前期含水量，mm；t 为时间步长，d；R_{day} 为第 i 天降雨量，mm；Q_{surf} 为第 i 天的地表径流，mm；E_a 为第 i 天的蒸发量，mm；W_{seep} 为第 i 天存在于土壤剖面底层的渗透量和侧流量，mm；Q_{gw} 为第 i 天地下水出流量，mm。

1. 天气和气候

流域气候提供了湿度和能量输入，这些因素控制着水量平衡，决定了水文循环不同过程的相对重要性。SWAT 需要的气候变量有日降水、最高/最低气温、太阳辐射以及风速和相对湿度。模型可以读入实测数据，也可以由天气发生器自动生成。SWAT 模型采用偏态马尔科夫链模型或指数马尔科夫链模型生成日降水，采用正态分布生成气温和太阳辐射，采用修正指数方程生成日平均风速，相对湿度模型采用三角分布，并且气温、辐射和相对湿度均根据干湿日进行调整。SWAT 模型根据日平均气温将降水分为雨或冻雨/雪，并允许子流域按照高程带分别计算积雪覆盖和融化。

2. 水文过程

降水在降落过程中，可能被截留在植被冠层或者直接降落到土壤表面。土壤表面的水分将下渗到土壤剖面或者产生坡面径流。坡面径流的运动相对较快，进入河道产生短期河流响应。下渗的水分可以滞留在土壤中，然后被蒸散发，或者通过地下路径缓慢地运动到地表水系统。其中涉及的物理过程包括：冠层存储、下渗、再分配、蒸散发、侧向地下径流、地表径流和回归流等，如图 6.2-1 所示。

3. 土地利用/植被生长

SWAT 模型采用简化的 EPIC 植物生长模型来模拟所有植被覆盖类型。模型能够区分一年生和多年生植物。一年生植物从种植日期生长到收获日期，或直到累积的热量单元等于植物的潜在热量单元；多年生植物全年维持其根系系统，在冬季月份中进行休眠；当日平均温度超过基温时，重新开始生长。植物生长模型用来评价水分和营养物从根系区的迁移、蒸发及作物产量。

4. 侵蚀

对每个 HRU 的侵蚀量和泥沙量采用修正的通用土壤流失方程（MUSLE）进行计算。

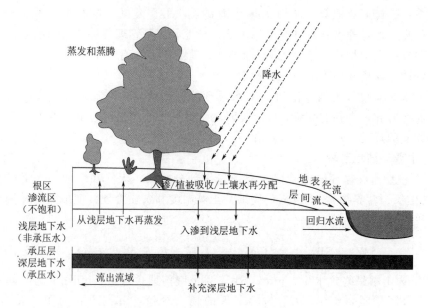

图 6.2-1　SWAT 水文循环过程图

MUSLE 使用降雨量作为侵蚀能量的指标，而 MUSLE 采用径流量来模拟侵蚀和泥沙产量。这种替代的好处在于提高模型的预报精度，减少对输移比的要求，并能够估算单次暴雨的泥沙产量。

5. 营养物质/杀虫剂

SWAT 模型能够跟踪流域内几种形式的氮和磷的迁移和转化，在土壤中氮从一种形态到另一种形态的转化是由氮循环来控制的，同样，土壤中磷的转化由磷循环来控制。营养物可以通过地表径流和壤中流进入河道，并在河道中向下游输移。

SWAT 模型中河道水质模型部分采用 QUAL2E 模型计算。在有氧水体中，有机氮可以一步一步转化为氨氮、亚硝酸盐和硝酸盐，有机氮也可以通过沉淀去除。磷循环与氮循环相似。藻类的死亡将藻类磷转化为有机磷，有机磷被矿化为可被藻类吸收的溶解态磷，有机磷也可以的过沉淀去除。

SWAT 模型可以模拟地表径流携带杀虫剂进入河道（以溶液或吸附在泥沙的形式），通过渗漏进入土壤剖面和含水层（在溶液中）。水循环陆地阶段的杀虫剂运动模型是由 GLEAMS 模型改进而来的。

6. 土壤温度

基本土壤温度方程为

$$t(z,d) = \bar{t} + \frac{AM}{2} \cdot \exp\left(\frac{-z}{DD}\right) \cdot \cos\left[\frac{2\pi}{365}(d-200) - \frac{z}{DD}\right] \tag{6.2-2}$$

式中：t 为日平均土温，℃；$\bar{t}$ 为年平均气温，℃；AM 为日均温年波幅，℃；z 为到表层土深，mm；DD 为土壤的阻尼深度，mm；d 为天数，d。

7. 农业管理

SWAT 模型可以在每个 HRU 中，根据采用的管理措施来定义生长季节的起始日期、规定施肥的时间和数量、使用农药和进行灌溉以及耕作的日程。除了这些基本的管理措施之外，还包括了放收、自动施肥和灌溉，以及每种可能的用水管理选项，并且集成了来自城市面积区的泥沙和营养物质负荷。

SWAT 模型中农业管理部分提供了模拟耕作系统、灌溉、化肥、农药以及放牧系统子模型。SWAT 模型对作物轮作的年数没有限制，并且允许至多每年三季作物，可以定义生长期的起始、灌溉、施用化肥和农药的特定日期和数量以及耕作的时间。

6.2.1.2 水循环河道/水库演算阶段

SWAT 模型水文循环的演算阶段分为河道和水库两个部分。河道演算主要包括河道洪水演算、河道沉积演算、河道营养物质和农药演算、河道杀虫剂演算；水库演算主要包括水库水量平衡演算、水库出流演算、水库泥沙演算、水库营养物质和农药演算。

1. 河道演算

河道洪水演算：随着水流向下游流动，一部分通过蒸发及在河道中的传播而损失，另一部分通过农业或人类用水而消耗。水流可以通过直接降水或点源排放得到补充。河道的流量演算可以采用变量存储系数法或 Muskingum 法计算。

河道沉积演算：沉积演算模型包含同时运行的两个部分（沉积和降解），沉积部分依靠沉降速度，降解部分依靠 Bagnold 的河流功率概念。从子流域到流域出口的渠道和泛滥平原的沉积依靠沉积颗粒的沉降速度，沉降速度用 Stokes Law 粒径平方方程来计算。河道的沉降深度是沉降速度和河段行程时间的乘积，每一个粒径的输送速率是沉降速度、行程时间和水流深度的线性函数，河流功率用来预报演算河段的降解。

河道营养物质和农药演算：河流中营养物质的转化由河道内水质模块控制。SWAT 应用的河道动力学修改自 QUAL2E 模型。模型模拟溶解态营养物和吸附态营养物，溶解态营养物与水一起运移，而吸附态营养物允许随泥沙沉积在河床。

河道杀虫剂演算：SWAT 采用的模拟杀虫剂运动和转化的算法来自 GLEAMS 模型，与营养物相似，河道杀虫剂负荷被分为溶解态和吸附态两部分。

2. 水库演算

水库水量平衡演算：包括入流、出流、水面降水、蒸发、库底渗漏、引水和回归流等。

水库出流演算：模型提供了 3 种方法估算水库出流。第 1 种为简单的读入实测出流，让模型模拟水量平衡的其他部分；第 2 种针对不受控制的小水库设计，当水库容量超过常规库容时，以特定的释放速率泄流，超过防洪库容的部分在一天内被下泄。第 3 种针对有管理的大水库设计，采用月目标水量方法。

水库泥沙演算：对于水库和池塘的入流沉积量用 MUSLE 方程来计算。出流量用出流水量和沉积物浓度的乘积来计算，出流浓度根据入流量和浓度以及池塘储量的简单连续方程来估算。

水库营养物质和农药演算：使用 Thomann 和 Mueller 的简单磷物质平衡模型，模型假定湖泊或水库内物质完全混合，可以用总磷来衡量营养状态。

6.2.2 模型结构

SWAT 采用模块化设计思想，包括水文、气象、泥沙、土壤温度、作物生长与养分、农药与杀虫剂、农业管理等功能模块。模型可以模拟地表径流、下渗、壤中流、地下径流、回归流、融雪径流、土壤温度、土壤湿度、蒸散发、产沙、输沙、作物生长、养分流失（氮、磷）、流域水质、农药与杀虫剂浓度变化等多种过程。模型还可以模拟多种农业管理措施（耕作、灌溉、施肥、收割、用水调度等）对上述各种过程的影响。SWAT 不同模块相对独立又相互联系，可以根据应用目的进行组合，有侧重地进行所有或部分内容的模拟预报。

模型中水文模块是基本功能模块，流域内泥沙、营养物的产生和迁移等都建立在流域内水循环的基础之上，其他模块的功能是水文模块的扩展和应用。SWAT 模型产汇流结构示意图如图 6.2 - 2 所示。

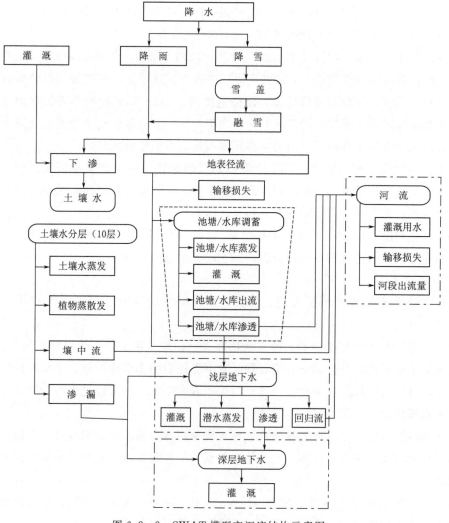

图 6.2 - 2　SWAT 模型产汇流结构示意图

SWAT 在每一个网格单元（或子流域）上应用传统的概念性模型来推求净雨，再进行汇流演算，最后求得出口断面流量。

1. 子流域划分

建立流域模拟的第一步是将流域划分为子流域。空间数据的输入是基于网格的（例如 DEM），网格划分是子流域划分的基础，但子流域划分优于网格划分的特点是，子流域划分可以保持河段演算和地形流线。SWAT 模型基于 DEM 数据，在每个子流域上应用概念性集总模型进行计算，再进行汇流演算，最后求得出口断面流量和污染物质量。每个子流域包含无限制的 HRUs（要求每个子流域至少一个 HRU）、河段/主渠道片段（每个子流域一个）、主渠道网络中的池塘（可选）和点源排放（可选）等。子流域划分可以从地表地形定义的子流域边界中得到，从而子流域的整个面积都流向子流域出口，或者子流域划分可以从网格边界中获得，河段或者主河道同流域中的每个子流域相联系。

2. 水文响应单元（HRU）

当子流域划分完成后，可以选择模拟每个子流域内单个的土壤类型/土地利用/管理方案或者是将子流域划分为多个水文响应单元（HRUs）。水文响应单元是子流域的一部分，含有唯一的土地利用、管理和土壤属性，被假定为在子流域中有统一的水文行为。HRUs 作为 HUMUS（美国水文单元模型）的一部分结合到 SWAT 模型中。HRU 并不同于田间小区，而是子流域内特定的土地利用、管理和土壤类型的总面积，而单个田间小区具有特殊的土地利用、管理和土壤类型，在整个子流域内可能是离散的，这些面积聚集在一起形成 HRU。HRUs 应用在 SWAT 模型中，通过聚集所有相似的土壤类型和土地利用面积构成单个的响应单元，从而简化了模型运行。

6.3 径流计算

SWAT 产流模拟时的径流成分包括：坡面地表径流、壤中流、浅层地下径流和深层地下径流 4 部分。SWAT 中基于下式对径流成分进行模拟计算：

$$SW_t = SW_0 + \sum_{i=1}^{t} (R_{day} - Q_{surf} - E_a - W_{seep} - Q_{gw}) \qquad (6.3-1)$$

式中：SW_t 为最终土壤含水量；SW_0 为初始土壤含水量；R_{day} 为日降水量；Q_{surf} 为日地表径流量；E_a 为日蒸散发量；W_{seep} 为土壤剖面日侧向渗流和渗漏量；Q_{gw} 为日地下径流量；i 为计算时长。

6.3.1 地表径流计算

SCS 曲线数方法是 20 世纪 50 年代由美国农业部土壤保持局提出的，目的是用于推求小流域设计洪水。该方法的降雨径流基本关系是在美国 2000 多个小流域实测资料的基础上经过统计分析并总结而得到的经验关系，并无严格的理论解释。但是，由于它由实测资料统计分析而得到，本身就代表着自然规律，大量应用结果也证明了其合理性，后来在使用过程中部分参数被赋予了物理意义。

SCS 模型的降雨-径流基本关系表达式：

$$\frac{F}{S} = \frac{Q}{P - I_a} \tag{6.3-2}$$

式中：P 为一次性降水总量，mm；Q 为径流量，mm；I_a 为初损，mm，即产生地表径流之前的降雨损失；F 为后损，mm，即产生地表径流之后的降雨损失；S 为流域当时的可能最大滞留量，mm，是后损 F 的上限。

流域当时最大可能滞留量 S 在空间上与土地利用方式、土壤类型和坡度等下垫面因素密切相关，模型引入的 CN 值可较好地确定 S，公式如下：

$$S = \frac{25400}{CN} - 254 \tag{6.3-3}$$

CN 值是反映降雨前期流域特征的一个无量纲综合参数，其值的大小与土壤的渗透性、土地覆盖/利用和前期土壤湿润程度有关，CN 值越大说明流域的截留量越小，地表径流产流量越大。

为表达流域空间的差异性，减少 CN 值确定的主观性和对经验的依赖。SWAT 模型引入了改进的 SCS 曲线数方法进行计算，基本假设仍然是 SCS 模型，只是在每日的 CN 值和最大可能滞留量 S 的计算方法上进行了改进。

（1）CN_2 值改进计算

为反映流域土壤水分对 CN 值的影响，SCS 模型根据前期降水量的大小将前期水分条件划分为干旱、正常和湿润 3 个等级，不同的前期土壤水分取不同的 CN 值，干旱和湿润的 CN 值由下式计算：

$$CN_1 = CN_2 - \frac{20 \times (100 - CN_2)}{100 - CN_2 + \exp[2.533 - 0.0636 \times (100 - CN_2)]} \tag{6.3-4}$$

$$CN_3 = CN_2 \cdot \exp 0.06363 \times (100 - CN_2) \tag{6.3-5}$$

式中：CN_1、CN_2、CN_3 分别为干旱、正常和湿润等级的 CN 值。

但传统的 SCS 模型中，CN_2 是在坡度为 5% 的条件下得到的，对 CN 进行坡度订正如下：

$$CN_{2s} = \frac{CN_3 - CN_2}{3} - [1 - 2 \times \exp(-13.86SLP)] + CN_2 \tag{6.3-6}$$

式中：CN_{2s} 为经过坡度订正后的正常土壤水分条件下的 CN_2 值；SLP 为子流域平均坡度。

（2）最大可能滞留量 S 改进计算

在土壤截留的计算上，传统的方法是截留量随着土壤含水量的变化而变化，而在 SWAT2005 版本中提出了一种截留量随着植物累计蒸散发量变化而变化的方法。同时，CN_2 值的计算也提供了一种以植物蒸散发量为因变量的计算方法。

截留量是土壤含水量的函数，计算方法如下。

$$S = S_{\max} \left\{ 1 - \frac{SW}{[SW + \exp(\omega_1 - \omega_2 \cdot SW)]} \right\} \tag{6.3-7}$$

式中：S 为日土壤截留量；$S_{\max}$ 为日最大可能截留量；SW 为日土壤含水量；ω_1、ω_2 为形状系数。

最大截留量可以在推求 CN 值的时候求得，形状系数是和土壤凋萎含水量、田间含水量和饱和含水量相关的参数。

截留量是植物蒸散发的函数，计算方法如下：

$$S = S_{prev} + E_0 \exp\left(\frac{-cncoef - S_{prev}}{S_{max}}\right) - R_{day} - Q_{surf} \tag{6.3-8}$$

式中：S 为日土壤截留量；S_{prev} 为前一天土壤截留量；S_{max} 为日最大可能截留量；E_0 为日潜在蒸散发量；$cncoef$ 为权重系数，用于计算截留量和 CN 值之间的关系，与植物的蒸散发有关；R_{day}、Q_{surf} 定义同前。

在冻土条件下，截留量用下式进行修正：

$$S_{frz} = S_{max}[1 - \exp(-0.000862S)] \tag{6.3-9}$$

式中：S 为冻土情况下的日截留量；其他参数定义同前。

（3）针对某些黏粒含量大于 30% 的土壤在干旱和湿润状态间变化时表层土壤会出现裂纹而影响地表产流量的情况，通过估算土壤层裂纹导致水量提前渗透而引起的地表径流减少量，对地表径流进行了修正。

6.3.2　坡面汇流计算

SWAT 中考虑坡面汇流的滞时现象，由 SCS 曲线数方法计算得到的地表径流由下式控制汇入河道的水量：

$$Q_{surf} = (Q'_{surf} + Q_{stor,i-1}) \cdot \left[1 - \exp\left(-\frac{surlag}{t_{conc}}\right)\right] \tag{6.3-10}$$

式中：Q_{surf} 为进入河道的日流量；Q'_{surf} 为坡面日产流量；$Q_{stor,i-1}$ 为前一天滞蓄在子流域中的坡面产流量；$surlag$ 为地表径流滞蓄系数；t_{conc} 为子流域的产流时间，h。

在给定产流时间的情况下，地表径流滞蓄系数越大表明滞蓄在子流域中的水量越少。此外，考虑坡面汇流的作用会使得进入河道的水量过程线是一个平滑的过程，这与实际情况也是相符的。

6.3.3　壤中流计算

渗入土壤的水量是当日降水量与地表径流量的差值，扣除渗漏出土壤底层的水量之后即为当日滞留在土壤层内的水分，这部分水分在不同的土壤层之间进行分配。

SWAT 中假定：只有上层土壤达到田间持水量且下层土壤未饱和的情况下，多余的水分才能渗透到下层土壤。渗漏出土壤底层的水分进入到渗流区，进而补充地下含水层。当下层土壤的渗透性小于上层土壤的时候，滞留在土壤中的水分会因为上下层之间水力传导度和渗透性的差异而上层土壤逐渐趋于饱和，进而产生壤中流。

SWAT 中采用动态蓄量模型（kinematic storage model）对壤中流进行计算，并假定只有在水分达到田间持水量之后才产流，最大产流量为大于田间持水量的部分。土壤层中能够产生的壤中流计算公式为

$$Q_{lat} = 0.024 \left(\frac{2SW_{ly,excess} \cdot K_{sat} \cdot SLP}{\phi_d \cdot L_{hill}}\right) \tag{6.3-11}$$

式中：Q_{lat} 为坡面壤中流产流量；$SW_{ly,excess}$ 为坡面土壤层中壤中流可能产流量，假定为饱和含水量与田间持水量的差值；K_{sat} 为土壤层的饱和水力传导率，$\mathrm{mm/h}$；SLP 为子流域平均坡度；ϕ_d 为土壤孔隙率；L_{hill} 为坡长。

SWAT 在壤中流计算中同样考虑了壤中流进入河道的滞时现象，在计算壤中流产流量之后，再计算进入到河道内的壤中流水量，计算公式为

$$Q_{lat} = (Q'_{lat} + Q_{latstor,i-1}) \cdot \left[1 - \exp\left(-\frac{1}{TT_{lag}}\right)\right] \qquad (6.3-12)$$

式中：Q_{lat} 为当日进入河道的壤中流流量；Q'_{lat} 为当日坡面壤中流产流量；$Q_{latstor,i-1}$ 为前天滞留存储在土壤层中的壤中流水量；TT_{lag} 为壤中流传播时间。

6.3.4　地下径流计算

在 SWAT 中，模拟的地下径流包括浅层地下径流和深层地下径流。浅层地下径流为地下浅层饱水带中的水，以基流的形式汇入河川径流；深层地下径流为地下承压饱水带中的水，可以以抽水灌溉的方式利用。

浅层地下径流的水量平衡方程为

$$aq_{sh,i} = aq_{sh,i-1} + \omega_{rchrg} - Q_{gw} - \omega_{revap} - \omega_{deep} - \omega_{pump,sh} \qquad (6.3-13)$$

式中：$aq_{sh,i}$ 和 $aq_{sh,i-1}$ 分别为当天和前一天浅层地下含水量；ω_{rchrg} 为浅层地下水补给量；Q_{gw} 为浅层地下水产流量，即基流；ω_{revap} 为排入河道的浅层地下水水量；ω_{deep} 为浅层地下水向上扩散到土壤层中的水量；$\omega_{pump,sh}$ 为抽取到地面的浅层地下水水量。

SWAT 中采用降雨-地下水响应模型中的指数衰减权重函数来计算土壤水补给地下水的滞时。

在 SWAT 中，浅层地下水与土壤水和深层地下水之间都存在相互交换的关系，土壤水可以补给地下水，而地下水也会因为毛管力的作用向上扩散或被根系较深的植被通过散发消耗。同时，浅层地下水可以向下渗透补充深层地下水，补给量的大小与地下水的总补给量成正比线性关系。补给地下水的土壤水量为最底层土壤下渗的水量与提前穿透出土壤剖面的水量之和，扣除补给深层地下水量即为补给浅层地下水量。浅层地下水因为毛管力向上扩散或根系作用而散发的水量在 SWAT 中定义为 $revap$，并且假定只有当浅层地下水量大于预先设定的一个 $revap$ 阈值之后才进行计算，其值大小与潜在蒸散发量之间成正比线性关系。

地下径流中只有浅层地下水对该流域的河川径流有补给量，且假定浅层饱水带中的水位大于给定的临界值时才产流。

6.4　蒸散发计算

6.4.1　冠层储存

植被冠层对下渗、地表径流和蒸散发影响显著。冠层截留可以降低雨水的侵蚀能力，并将一部分雨水滞留在冠层中。冠层对这些过程的影响取决于植被覆盖密度和植被物种

形态。

当计算地表径流时，SCS 曲线数法将冠层截留集成到初损中。初损同时也包括地表蓄水和产流前的下渗，大约占当天滞留量的 20%。当采用 Green - Ampt 下渗方程进行地表径流和下渗计算时，冠层的降雨截留必须单独计算。SWAT 可以根据叶面指数来估算每天的最大冠层存储量。

6.4.2 潜在蒸散发

模型提供了 Penman - Monteith、Priestley - Taylor 和 Hargreaves 三种计算潜在蒸散发能力的方法，另外还可以使用实测资料或已经计算好的逐日潜在蒸散发资料。

6.4.3 实际蒸散发

在潜在蒸散发的基础上计算实际蒸散发。SWAT 模型中，首先从植被冠层截留的蒸发开始计算，然后计算最大蒸腾量、最大升华量和最大土壤水分蒸发量，最后计算实际的升华量和土壤水分蒸发量。

1. 冠层截留蒸发

模型在计算实际蒸发时假定尽可能蒸发冠层截留的水分，如果潜在蒸发 E_0 量小于冠层截留的自由水量 E_{INT}，则

$$E_a = E_{can} = E_0 \qquad (6.4 - 1)$$

$$E_{INT(f)} = E_{INT(i)} - E_{can} \qquad (6.4 - 2)$$

式中：E_a 为某日流域的实际蒸发量，mm；E_{can} 为某日冠层自由水蒸发量，mm；E_0 为某日的潜在蒸发量，mm；$E_{INT(i)}$ 为某日植被冠层自由水初始含量，mm；$E_{INT(f)}$ 为某日植被冠层自由水终止含量，mm。如果潜在蒸发 E_0 大于冠层截留的自由水含量 E_{INT}，则

$$E_{can} = E_{INT(i)} \qquad (6.4 - 3)$$

$$E_{INT(f)} = 0 \qquad (6.4 - 4)$$

当植被冠层截留的自由水被全部蒸发掉，继续蒸发所需要的水分 $E'_0 = E_0 - E_{can}$ 就要从植被和土壤中得到。

2. 植物蒸腾

假设植被生长在一个理想的条件下，植物蒸腾可用以下表达式计算：

$$E_t = \frac{E'_0 \cdot LAI}{3.0} \qquad 0 \leqslant LAI \leqslant 3.0 \qquad (6.4 - 5)$$

$$E_t = E'_0 \qquad LAI > 3.0 \qquad (6.4 - 6)$$

式中：E_t 为某日最大蒸腾量，mm；E'_0 为植被冠层自由水蒸发调整后的潜在蒸发，mm；LAI 为叶面积指数。由此计算出的蒸腾量可能比实际蒸腾量要大一些。

3. 土壤水分蒸发

在计算土壤水分蒸发时，首先区分出不同深度土壤层所需的蒸发量，土壤深度层次的划分决定土壤允许的最大蒸发量，可由下式计算：

$$E_{soil,z} = E''_s \cdot \frac{z}{z + \exp(2.347 - 0.00713z)} \qquad (6.4 - 7)$$

式中：$E_{soil,z}$ 为 z 深度处蒸发需要的水量，mm；z 为地表以下土壤的深度，mm。

表达式中的系数是为了满足 50％的蒸发所需水分，它来自土壤表层 10mm，以及 95％的蒸发所需的水分，它来自 0～100mm 土壤深度范围内。

土壤水分蒸发所需要的水量是土壤上层蒸发需水量与土壤下层蒸发需水量之差。

土壤深度的划分假设 50％的蒸发需水量由 0～10mm 内土壤上层的含水量提供，因此 100mm 的蒸发需水量中 50mm 都要由 10mm 的上层土壤提供，显然上层土壤无法满足需要，所以，SWAT 模型建立了一个系数来调整土壤层深度的划分，以满足蒸发需水量，调整后的公式可以表示为

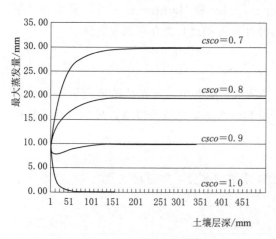

图 6.4-1 随土壤深度变化下的蒸发需水量

$$E_{soil,ly} = E_{soil,zl} - E_{soil,zu} \cdot esco \tag{6.4-8}$$

式中：$E_{soil,ly}$ 为 ly 层的蒸发需水量，mm；$E_{soil,zl}$ 为土壤下层的蒸发需水量，mm；$E_{soil,zu}$ 为土壤上层的蒸发需水量，mm；$esco$ 为土壤蒸发调节系数，该系数是 SWAT 为调整土壤因毛细作用和土壤裂隙等因素对不同土层蒸发量而提出的，对于不同的 $esco$ 值对应着的土壤层划分深度（图 6.4-1）。

随着 $esco$ 值的减小，模型能够从更深层的土壤获得水分供给蒸发。当土壤层含水量低于田间持水量时，蒸发需水量也相应减少，蒸发需水量可由下式求得

$$E'_{soil,ly} = E_{soil,ly} \cdot \exp\left[\frac{2.5 \times (SW_{ly} - FC_{ly})}{FC_{ly} - WP_{ly}}\right] \quad SW_{ly} \geqslant FC_{ly} \tag{6.4-9}$$

$$E'_{soil,ly} = E_{soil,ly} \quad SW_{ly} < FC_{ly} \tag{6.4-10}$$

式中：$E'_{soil,ly}$ 为调整后的土壤少层蒸发需水量，mm；SW_{ly} 为土壤层含水量，mm；FC_{ly} 为土壤少层的田间持水量，mm；WP_{ly} 为土壤少层的凋萎点含水量，mm。

6.5 土壤侵蚀计算

SWAT 模型采用修正的 MUSLE 方程来模拟计算土壤侵蚀过程。通用土壤流失方程除了 K、C、P、LS 四个因子外，主要采用降雨动能因子来预报年平均侵蚀量，由于降雨动能因子代表的能量只在流域内起作用，因此需要输移比（河道上每一点的输沙量/该点以上的总侵蚀量）。而在 MUSLE 中用径流因子代替降雨动能，已经清晰表现了用于分离和输送泥沙的能量，因此无须泥沙输移比就可以预报泥沙产量，并且可以将方程用于单次暴雨事件。MUSLE 方程的公式为

$$m_{sed} = 11.8 \times (Q_{surf} \cdot q_{peak} \cdot A_{hru})^{0.56} \cdot K_{USLE} \cdot C_{USLE} \cdot P_{USLE} \cdot LS_{USLE} \cdot CFRG \tag{6.5-1}$$

式中：m_{sed} 为土壤侵蚀量，t；Q_{surf} 为地表径流，mm/h；q_{peak} 为洪峰径流，m³/s；A_{hru} 为水文响应单元（HRU）的面积，hm²；K_{USLE} 为土壤侵蚀因子；C_{USLE} 为植被覆盖和管

理因子；P_{USLE} 为保持措施因子；LS_{USLE} 为地形因子；$CFRG$ 为粗碎屑因子。

6.5.1 MUSLE 方程因子计算

1. 土壤侵蚀因子 K_{USLE}

当其他影响侵蚀的因子不变时，K 因子反映不同类型土壤抵抗侵蚀力的高低。它与土壤物理性质的影响，如机械组成、有机质含量、土壤结构、土壤渗透性等有关。当土壤颗粒粗、渗透性大时，K 值就低，反之则高；一般情况下 K 值的变幅为 $0.02 \sim 0.75$。

K 值的直接测定方法是：在标准小区（坡长为 2.1m，宽为 1.83m，坡度为 9%）上没有任何植被，完全休闲，无水土保持措施，降水后收集由于坡面径流而冲蚀到集流槽内的土壤，烘干、称重，由公式计算得到 K 值。

试验测算 K 值既费时又费力，1971 年 Wischmeier 等发展了一个通用方程来计算土壤侵蚀因子 K 值，该方程在土壤中的黏土和壤土组成少于 70% 时适用，即

$$K_{USLE} = \frac{0.00021 \times M^{1.14} \cdot (12 - OM) + 3.25 \times (c_{soilstr} - 2) + 2.5 \times (c_{perm} - 3)}{100} \tag{6.5-2}$$

式中：M 为颗粒尺度参数；OM 为有机物含量百分比，%；$c_{soilstr}$ 为土壤分类中的结构代码；c_{perm} 为土壤剖面可渗透性类别。

1995 年 Williams 提出了另一个替换方程：

$$K_{USLE} = f_{csand} \cdot f_{cl-si} \cdot f_{orgc} \cdot f_{hisand} \tag{6.5-3}$$

式中：f_{csand} 为粗糙沙土质地土壤侵蚀因子；f_{cl-si} 为黏壤土土壤侵蚀因子；f_{orgc} 为土壤有机质因子；f_{hisand} 为高沙质土壤侵蚀因子。

各因子的计算公式如下：

$$f_{csand} = 0.2 + 0.3 \times \exp\left[-0.256 \times m_s \cdot \left(1 - \frac{m_{silt}}{100}\right)\right] \tag{6.5-4}$$

$$f_{cl-si} = \left(\frac{m_{silt}}{m_c + m_{silt}}\right)^{0.3} \tag{6.5-5}$$

$$f_{orgc} = 1 - \frac{0.25 \times \rho_{orgC}}{\rho_{orgC} + \exp(3.72 - 2.95 \times \rho_{orgC})} \tag{6.5-6}$$

$$f_{hisand} = 1 - \frac{0.7 \times \left(1 - \frac{m_s}{100}\right)}{\left(1 - \frac{m_s}{100}\right) + \exp\left[-5.51 + 22.9\left(1 - \frac{m_s}{100}\right)\right]} \tag{6.5-7}$$

式中：m_s 为粒径在 $0.05 \sim 2.00$mm 沙粒的百分含量；m_{silt} 为粒径在 $0.002 \sim 0.05$mm 的淤泥、细沙百分含量；m_c 为粒径小于 0.002mm 的黏土百分含量；ρ_{orgC} 为各土壤层中有机碳含量，%。

2. 植被覆盖和管理因子 C_{USLE}

植被覆盖和管理因子 C_{USLE} 表示植物覆盖和作物栽培措施对防止土壤侵蚀的综合效益，其含义是在地形、土壤、降水条件相同的情况下，种植作物或林草地的土地与连续休闲地土壤流失量的比值，最大取值为 1.0。由于植被覆盖受植物生长期的影响，SWAT 模型通过下面的方程调整植被覆盖和管理因子：

$$C_{USLE} = \exp\{[\ln 0.8 - \ln(C_{USLE,mn})] \cdot \exp(-0.00115 \cdot rsd_{surf}) + \ln(C_{USLE,mn})\}$$

$$(6.5-8)$$

式中：$C_{USLE,mn}$ 为最小植被覆盖和管理因子值；rsd_{surf} 为地表植物残留量，kg/hm^2。

最小 C 因子可以由已知年平均 C 值通过以下方程计算。

$$C_{USLE,mn} = 1.463 \times \ln(C_{USLE,aa}) + 0.1034 \qquad (6.5-9)$$

式中：$C_{USLE,aa}$ 为不同植被覆盖的年平均 C 值。

3. 保持措施因子 P_{USLE}

保持措施因子 P_{USLE} 是指有保持措施的地表土壤流失与不采取任何措施的地表土壤流失的比值，这里的保持措施包括等高耕作、带状种植和梯田。等高耕作对于中低强度的降水侵蚀具有保护水土流失的作用，但对于高强度的降水其保护作用则很小，等高耕作对坡度为 3%~8% 的土地非常有效。

4. 地形因子 LS_{USLE}

地形因子 LS_{USLE} 的计算公式为

$$LS_{USLE} = \left(\frac{L_{hill}}{22.1}\right)^m \cdot (65.41 \times \sin^2\alpha_{hill} + 4.56 \times \sin\alpha_{hill} + 0.065) \quad (6.5-10)$$

式中：L_{hill} 为坡长；m 为坡长指数；α_{hill} 为坡度（角度）。

坡长指数 m 的计算公式为

$$m = 0.6 \times [1 - \exp(-35.835 \times slp)] \qquad (6.5-11)$$

式中：slp 为 HRU 的坡度，$slp = \tan\alpha_{hill}$。

5. 粗碎块土壤成分计算因子 $CFRG$

当土壤组分中存在直径大于 $2.0mm$ 的石砾时，$CFRG$ 因子如下式计算：

$$CFRG = \exp(-0.053 \times rock) \qquad (6.5-12)$$

式中：$rock$ 为第一层土壤中砾石的百分比，%。

6. 雪盖效应

在 HRU 中有雪存在时，降雨和径流的侵蚀能量会有所降低，SWAT 模型用下式来修正产沙量：

$$sed = \frac{sed'}{\exp\left(\dfrac{3SNO}{25.4}\right)} \qquad (6.5-13)$$

式中：sed 为特定一天的产沙量，t；sed' 为 MUSLE 计算的产沙量，t；SNO 为与雪盖等价的水容量，mm。

6.5.2 径流滞沙演算

在比较大的单个子流域中坡面漫流时间大于 1 天时，只有一部分地表径流在产流当日汇流至主河道。SWAT 模型整合了一个地表径流存储特性来滞后一部分地表径流汇入主河道。地表径流中的泥沙也一样。SWAT 模型也允许壤中流和基流向主河道输入泥沙。

6.5.3 河道泥沙演算

SWAT 模型中对泥沙在河网中运移过程的计算包含两个部分——泥沙的沉积作用及其对河道的冲刷作用。在相同的河道中，SWAT 模型同时计算这两个过程，而且还可以动态模拟河道断面的变化情况，使其纳入到泥沙计算过程中去。

模型使用一个方程来确定河道中悬浮泥沙的最大浓度，通过比较河道中实际悬浮泥沙浓度和最大悬浮泥沙浓度来判断此时河道泥沙运移过程中发生的主导作用是沉积作用还是冲刷作用，由此算的流域出口的输沙总量。判定方程如下：

$$conc_{sed,ch,mx} = c_{sp} \cdot v_{ch,pk}^{spexp} \qquad (6.5-14)$$

式中：$conc_{sed,ch,mx}$ 为河道水体中的最大悬浮泥沙浓度，t/m^3；c_{sp} 和 $spexp$ 分别为计算最大悬浮泥沙的负荷线性系数和指数系数；$v_{ch,pk}$ 为洪峰流速，m/s。

当 $conc_{sed,ch,i} > conc_{sed,ch,mx}$ 时，主要发生泥沙沉积过程；当 $conc_{sed,ch,i} < conc_{sed,ch,mx}$ 时，主要发生泥沙对河道的冲刷过程。

6.6 污染负荷计算

SWAT 模型可以模拟不同形态氮的迁移转化过程，地表径流流失、入渗淋失、化肥输入等物理过程，有机氮矿化、反硝化等化学过程以及作物吸收等生物过程，氮可以分为有机氮、作物氮和硝酸盐氮三种化学状态，氮的生物固定、有机氮向无机氮的转化以及溶解性氮随侧向壤中流的迁移等过程，有机氮又被划分为活泼有机氮和惰性有机氮两种状态，以及氨态氮挥发过程的模拟（图 6.6-1）。

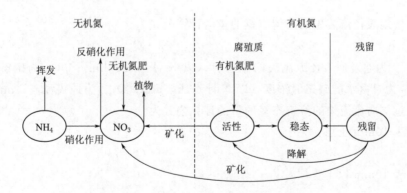

图 6.6-1 SWAT 模型模拟氮循环示意图

磷可以分为腐殖质中的有机磷、不可溶解的无机磷和植物可利用的土壤溶液中的磷三种化学状态。磷可以通过施肥、粪肥和残余物施用等方式添加到土壤中，通过植物吸收和侵蚀从土壤中移除。与高活性的氮不同，磷的溶解性在大多数环境中是有限的。磷可以与其他离子结合形成一些不可溶的化合物，并从溶液中沉淀。这些特性使得磷在土壤表面累积，从而易于随地表径流运移（图 6.6-2）。

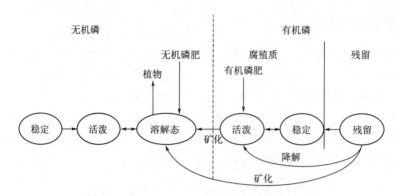

图 6.6-2　SWAT 模型模拟磷循环示意图

6.6.1　溶解态氮（硝态氮）污染负荷模型

硝态氮主要随地表径流、侧向流或渗流在水体中迁移，要计算随水体迁移的硝态氮量必须先计算自由水中的硝态氮浓度，用这个浓度乘以各个水路流动水的总量，即可得到从土壤中流失的硝态氮总量。

自由水部分的硝态氮浓度可用下面公式计算：

$$\rho_{\mathrm{NO_{3}, mobile}} = \frac{\rho_{\mathrm{NO_{3}ly}} \cdot \exp\left[\dfrac{-w_{mobile}}{(1-\theta_{e}) \cdot SAT_{ly}}\right]}{w_{mobile}} \tag{6.6-1}$$

式中：$\rho_{\mathrm{NO_{3}, mobile}}$ 为自由水中硝态氮浓度（以 N 计），$\mathrm{kg/mm}$；$\rho_{\mathrm{NO_{3}ly}}$ 为土壤中硝态氮的量（以 N 计），$\mathrm{kg/hm^{2}}$；w_{mobile} 为土壤中自由水的量，mm；θ_{e} 为孔隙度；SAT_{ly} 为土壤饱和含水量。

（1）通过地表径流流失的溶解态氮的量的计算公式为

$$\rho_{\mathrm{NO_{3}, surf}} = \beta_{\mathrm{NO_{3}}} \cdot \rho_{\mathrm{NO_{3}, mobile}} \cdot Q_{surf} \tag{6.6-2}$$

式中：$\rho_{\mathrm{NO_{3}, surf}}$ 为通过地表径流流失的硝态氮（以 N 计），$\mathrm{kg/hm^{2}}$；$\beta_{\mathrm{NO_{3}}}$ 为硝态氮渗流系数；$\rho_{\mathrm{NO_{3}, mobile}}$ 为自由水的硝态氮浓度（以 N 计），$\mathrm{kg/mm}$；Q_{surf} 为地表径流，mm。

（2）通过侧向流流失的溶解态氮的量的计算公式为

对于地表 10mm 土层：

$$\rho_{\mathrm{NO_{3}lat, ly}} = \beta_{\mathrm{NO_{3}}} \cdot \rho_{\mathrm{NO_{3}, mobile}} \cdot Q_{lat, ly} \tag{6.6-3}$$

对于地表 10mm 以下土层：

$$\rho_{\mathrm{NO_{3}lat, ly}} = \rho_{\mathrm{NO_{3}, mobile}} \cdot Q_{lat, ly} \tag{6.6-4}$$

式中：$\rho_{\mathrm{NO_{3}lat, ly}}$ 为通过侧向流流失的硝态氮（以 N 计），$\mathrm{kg/hm^{2}}$；$\beta_{\mathrm{NO_{3}}}$ 为硝态氮渗流系数；$\rho_{\mathrm{NO_{3}, mobile}}$ 为自由水的硝态氮浓度（以 N 计），$\mathrm{kg/mm}$；$Q_{lat, ly}$ 为侧向流，mm。

（3）通过渗流流失的溶解态氮的量的计算公式为

$$\rho_{\mathrm{NO_{3}perc, ly}} = \rho_{\mathrm{NO_{3}, mobile}} \cdot w_{perc, ly} \tag{6.6-5}$$

式中：$\rho_{\mathrm{NO_{3}perc, ly}}$ 为通过渗流流失的硝态氮（以 N 计），$\mathrm{kg/hm^{2}}$；$\rho_{\mathrm{NO_{3}, mobile}}$ 为自由水的硝态氮浓度（以 N 计），$\mathrm{kg/mm}$；$w_{perc, ly}$ 为渗流，mm。

6.6.2 吸附态氮（有机氮）污染负荷模型

有机氮通常是吸附在土壤颗粒上随径流迁移的，这种形式的氮负荷与土壤流失量密切相关，土壤流失量直接反映了有机氮负荷，1976 年 McElroy 等发展了有机氮随土壤流失的输移负荷函数（McElroy 等，1976），1978 年 Williams 和 Hann 进行了修正。

$$\rho_{org N_{surf}} = 0.001 \times \rho_{org N} \cdot \frac{m}{A_{hru}} \cdot \varepsilon_N \qquad (6.6-6)$$

式中：$\rho_{org N_{surf}}$ 为有机氮流失量（以 N 计），kg/hm^2；$\rho_{org N}$ 为有机氮在表层（10mm）土壤中的浓度（以 N 计），kg/t；m 为土壤流失量，t；A_{hru} 为水文响应单元的面积，hm^2；ε_N 为氮富集系数。

氮富集系数是随土壤流失的有机氮浓度和土壤表层有机氮浓度的比值，计算公式如下：

$$\varepsilon_N = 0.78 \times (\rho_{surq})^{-0.2468} \qquad (6.6-7)$$

$$\rho_{surq} = \frac{m}{10 A_{hru} \cdot Q_{surf}} \qquad (6.6-8)$$

式中：ρ_{surq} 为地表径流中泥沙含量；m 为土壤流失量，t；A_{hru} 为水文响应单元的面积，hm^2；Q_{surf} 为地表径流，mm。

6.6.3 河道中各形态氮的转化

SWAT 模型中河道水质模型部分采用 QUAL2E 模型计算。在有氧的水环境中，氮的存在形式可以从有机氮转化到氨，然后到亚硝酸盐、硝酸盐。藻类生物量中的氮可以转化为有机氮，使河道中的有机氮数量增加；当有机氮随泥沙沉淀时或有机氮转化成了氨就会使河道中的有机氮数量减少。

6.6.4 溶解态磷污染负荷模型

溶解态磷在土壤中的迁移主要是通过扩散作用实现的，扩散是指离子在微小尺度下（1~2mm）由于浓度梯度而引起的溶质迁移。由于溶解态磷不很活跃，所以由地表径流以溶解态形式带走的土壤表层（10mm）的磷很少，地表径流输移的溶解态磷可由下面公式计算：

$$P_{surf} = \frac{P_{solution,surf} \cdot Q_{surf}}{\rho_b \cdot h_{surf} \cdot k_{d,surf}} \qquad (6.6-9)$$

式中：P_{surf} 为通过地表径流流失的溶解态磷（以 P 计），kg/hm^2；$P_{solution,surf}$ 为土壤中（表层 10mm）溶解态磷（以 P 计），kg/hm^2；ρ_b 为土壤溶质密度，mg/m^3；h_{surf} 为表层土壤深度，mm；$k_{d,surf}$ 为土壤磷分配系数，表层土壤（10mm）中溶解态磷的浓度和地表径流中溶解态磷浓度的比值。

6.6.5 吸附态磷污染负荷模型

有机磷和矿物质磷通常是吸附在土壤颗粒上通过径流迁移的，这种形式的磷负荷与土壤流失量密切相关，土壤流失量直接反映了有机磷和矿物质磷负荷，1976 年 McElroy 等发展了有机磷和矿物质磷随土壤流失输移的负荷函数，1978 年 Williams 和 Hann 进行了修正。

$$m_{\mathrm{P}_{surf}} = 0.001 \times \rho_{\mathrm{P}} \cdot \frac{m}{A_{hru}} \cdot \varepsilon_{\mathrm{P}} \tag{6.6-10}$$

式中：$m_{\mathrm{P}_{surf}}$ 为有机磷流失量（以 P 计），kg/hm²；ρ_{P} 为有机磷在表层（10mm）土壤中的浓度（以 P 计），kg/t；m 为土壤流失量，t；A_{hru} 为水文响应单元的面积，hm²；ε_{P} 为磷富集系数。

6.7 模型参数

6.7.1 主要模型参数

SWAT 模型参数众多，不同参数具有不同的物理意义，其对于模型模拟结果的影响要素不同，影响程度也是不同的。所以，在众多的参数之中，了解对模型结果带来影响的主要参数及其物理意义，有助于后续模型率定的顺利进行，保证模型模拟结果的准确性。

SWAT 模型一般主要工作是进行径流预报、泥沙以及污染负荷预报研究，所以参数依据于模型模拟目的的不同，主要分为径流相关参数、泥沙相关参数、污染负荷相关参数。

1. 径流相关参数

对于径流的模拟来说，主要通过降水、蒸发、下渗、径流等水文过程模拟得到。所以径流的相关参数又可以分为影响这些水文过程的相关参数。这里综合已有研究以及模型模拟原理，选取对径流可能有重要影响的参数作为主要参数来介绍。

（1）影响降水过程的主要参数。降雪温度 SFTMP；融雪最低温度 SMTMP；6 月 21 日最大融雪因子 SMFMX；12 月 21 日最小融雪因子 SMFMN。这些参数是通过影响融雪来影响输入流域的总水量。

（2）影响蒸发过程的主要参数。植物冠层截留水量 CANMX，表示截留损失水量；植物蒸腾补偿系数 EPCO；土壤蒸发补偿系数 ESCO，表示各土层的土壤水蒸发能力，反映土壤裂隙、毛细作用对土壤蒸散发的影响程度；地下水蒸发系数 GW_REVAP，表示地下水蒸发能力。这些参数通过影响地表与土壤蒸发来影响流域的蒸散发量。

（3）影响下渗过程的主要参数。土壤有效持水量 SOL_AWC，表示田间持水量减去凋萎系数含水量，反映土壤有效蓄水能力；土壤饱和导水率 SOL_K，反映土壤导水及渗透能力；土壤容重 SOL_BD；浅层地下水径流系数 GWQMN，代表单位时间内径流深与降水深之比，反映降水量的径流转化率及产流比。这些参数通过决定下渗水量影响了地表地下径流的分配过程。

（4）影响径流过程的主要参数。依据径流所处的阶段不同又分为：①与坡道汇流相关的：SCS 径流曲线数 CN2，是模拟径流的 SCS 径流曲线数法的重要参数；平均坡长 SLSUBBSN 和平均坡度 HRU_SLP，反映坡道的基本特征；地表径流曼宁系数 OV_N；地表径流延滞系数 SURLAG，表示一天允许进入河流的水量占所有可用总水量的比例；

与地下径流相关的基流 α 系数 ALPHA＿BF，决定基流的生成比例；地下水滞后 GW＿DELAY；浅层地下水再蒸发系数 REVAPMN，反映浅层含水层与土壤非饱和层间的水流传输速率。②与河网汇流相关的：主河道的水力传导率 CH＿K2；河岸基流 α 系数 ALPHA＿BNK；主河道曼宁系数 CH＿N2，这些参数影响河道汇流演算。

2. 泥沙相关参数

对于泥沙相关参数来说，相关参数也较多，这里主要介绍对泥沙可能有重要影响的部分参数。具体包括：

（1）泥沙的侵蚀的计算方法——通用土壤流失方程中的：USLE 中水土保持措施因子 USLE＿P；USLE 中土壤可蚀性因子 USLE＿K；USLE 中植被覆盖度因子 USLE＿C。

（2）泥沙在河段中输移的相关参数：河道覆盖因子 CH＿COV；河道侵蚀因子 CH＿EROD；主河道沿河长平均比降 CH＿S2；主河道河长 CH＿L2；干流中沉积物运移的最大比率/速率调节因子 PRF；泥沙输移线性系数 SPCON 和泥沙输移指数系数 SPEXP，代表河道沉积物路径中沉积物再迁移。

3. 污染负荷相关参数

研究污染负荷情况，就是观察流域的水质的变化情况，进行流域污染物迁移转化规律的研究。对于污染负荷情况，主要模拟流域氮磷负荷，所以污染负荷相关参数分为氮相关参数、磷相关参数。

（1）氮相关参数。

1）流域输入中营养循环相关参数：反硝化指数速率系数 CDN；有机氮的富集比 ERORGN；反硝化土壤含水阈值 SDNCO；固氮系数 FIXCO；残留物的分解系数 RSDCO；降雨中的氮浓度 RCN；硝酸盐的渗流系数 NPERCO；腐殖质矿化速率因子 CMN；氮吸收分布参数 N＿UPDIS；日最大固氮量 NFIXMX；氮的半衰期 HLIFE＿NGW＿BSN；河道中的有机氮浓度 CH＿ONCO＿BSN；浅层含水层硝酸盐浓度 SHALLST＿N。

2）土地管理相关参数：生物混合效率 BIOMIX；水土保持措施因子 USLE＿P。

3）河流水质相关参数：藻体氮与藻类生物量分数 AI1；单位数量氨氮的耗氧速率 AI5；氨氮-亚硝态氮速率常数 BC1；亚硝态氮-硝态氮速率常数 BC2；有机氮-氨氮水解速率常数 BC3。

（2）磷相关参数。

1）流域输入的中营养循环相关参数：磷的渗流系数 PPERCO；土壤磷的分配系数 PHOSKD；有机磷的富集比 ERORGP；植物磷吸收分布参数 P＿UPDIS；有效磷指数 PSP；河道有机磷浓度 CH＿OPCO＿BSN；地下水中可溶性磷浓度 GWSOLP；可溶性磷的腐化速率常数 BC4＿BSN。

2）河流水质相关参数：沉积物提供可溶性磷速率 RS2；有机磷的沉降速率 RS5；有机磷-可溶性磷矿化速率 BC4。

6.7.2　参数率定

参数率定可以采用手动率定，也可以采用 SWAT 模型中自带的 SWAT-CUP，实现对参数的自动率定。SWAT-CUP 可以基于 SWAT 模型的一次运行结果建立文件，通过数次的运行参数调整，得到最优的参数率定结果，为模型的参数调整提供了极大便利。

此外，不同的参数对于模型模拟结果的影响程度是不同的，如果对 SWAT 所有参数进行率定，会大大加大模型参数率定的困难程度。因此，为了更具有针对性地校准模型，往往首先进行参数敏感性分析。敏感性强的参数对结果具有更显著的影响，选择这些参数，后续可更有针对性地进行率定，也可以提高模型率定的效率。ArcSWAT 中提供了一种参数敏感性分析方法即 LH-OAT 法可以进行自动参数敏感性分析，该方法同时具有 LH 抽样法和 OAT 分析法的优点，整体的灵敏度用各部分的灵敏度的均值来表示。

率定径流、泥沙以及污染负荷相关 SWAT 参数的步骤如图 6.7-1 所示。首先，采用数字滤波技术对实测总径流进行基流与直接径流的（地表径流与壤中流）分割。对不同模型输出结果进行上述主要参数的率定，参数的调整范围需查询 SWAT 模型相关敏感参数表。模型输出结果与实测平均值之差值占实测值的百分比（即相对误差）应小于规定标准，并且模拟月均值的评价系数（R^2 和 E_{ns}）也应达到规定的精度标准。如果实测与模拟值的均值满足率定要求，而 R^2 和 E_{ns} 没有满足要求，则检查并确保充分考虑模拟降雨的空间不均匀性以及植物生长季节模拟的正确。对于率定的空间顺序遵循先上游后下游，先支流后

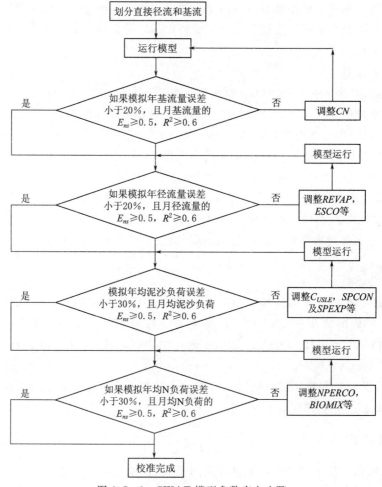

图 6.7-1 SWAT 模型参数率定步骤

干流的原则；对于率定的对象顺序遵循先校准径流，再校准泥沙，最后进行污染负荷率定。

首先进行径流参数率定：对基流进行参数率定，其模拟值与实测值年均误差应小于实测值的 20%，月均值的评价系数 $R^2>0.6$，$E_{ns}>0.5$；在对基流进行参数率定后再对地表径流应用同样的评价方法进行参数率定，并且考虑调整径流总量参数将影响基流，因此调参过程中需对基流不断重新检验。其次，在满足图 6.7-1 中评价标准的基础上，对泥沙负荷进行参数率定并使模拟值与实测值年均误差应小于实测值的 30%，月均值的评价系数 $R^2>0.6$，且 $E_{ns}>0.5$。至此完成对径流和泥沙负荷的率定过程。最后，在此基础上应用点源污染物与非点源污染物符合的数据之和对模型进行污染负荷率定，并使模拟值与实测值年均误差应小于实测值的 30%，月均值的评价系数 $R^2>0.6$，且 $E_{ns}>0.5$，确定对污染负荷模拟的参数值。完成上述步骤，模型的径流、泥沙以及污染负荷参数率定工作就完成了，得到各个的参数调整结果。但是为了检验模型参数调整结果的正确性，还要采用另外一组实测数据对模型各个模拟结果进行验证，若验证结果也满足评价系数的要求，则模型参数调整结果即最终确定，模型对于流域的模拟有良好的适应性。

主 要 参 考 文 献

［1］ 代俊峰，崔远来. 基于 SWAT 的灌区分布式水文模型——Ⅰ. 模型构建的原理与方法 [J]. 水利学报，2009，40（2）：145-152.

［2］ 郝芳华. 流域非点源污染分布式模拟研究 [D]. 北京：北京师范大学环境学院，2003.

［3］ 庞靖鹏，徐宗学，刘昌明. SWAT 模型研究应用进展 [J]. 水土保持研究，2007（3）：31-35.

［4］ 庞靖鹏，徐宗学，刘昌明. SWAT 模型中天气发生器与数据库构建及其验证 [J]. 水文，2007（5）：25-30.

［5］ 王中根，刘昌明，黄友波. SWAT 模型的原理、结构及应用研究 [J]. 地理科学进展，2003（1）：79-86.

［6］ 徐宗学. 水文模型 [M]. 北京：科学出版社，2017.

［7］ 张金存，芮孝芳. 分布式水文模型构建理论与方法述评 [J]. 水科学进展，2007，18（2）：286-292.

［8］ Arnold J G, Allen P M. Estimating hydrologic budgets for three Illinois watersheds [J]. Journal of Hydrology, 1996, 176: 57-77.

［9］ Arnold J G, Williams J R, Maidment D R. Continuous-time water and sediment-routing model for large basins [J]. Journal of Hydraulic Engineering, 1995, 121 (2): 171-183.

［10］ Arnold J G, Srinivasan P, Muttiah R S, et al. Large area hydrologic modeling and assessment. Part I. Model development [J]. Journal of American Water Resources Association, 1998, 34: 73-89.

［11］ Arnold J G, Williams J R, Nicks A D. SWRRB: A Basin Scale Simulation Model for Soil and Water Resources Management [M]. Texas A&M Press: College Station, 1990.

［12］ Santhi C, Arnold J G, Williams J R, et al. Validation of the SWAT model on a large river basin with point and nonpoint sources [J]. Journal of the American Water Resources Association, 2001, 37 (5): 1169-1188.

［13］ Tolson B A, Shoemaker C A. Cannonsville reservoir watershed SWAT2000 model development, calibration and validation [J]. Journal of Hydrology, 2007, 337: 68-86.

［14］ Xu Z X, Pang J P, LIU C M, et al. Assessment of runoff and sediment yield in the Miyun Reservoir catchment by using SWAT model [J]. Journal of Environmental Sciences, 2004, 16 (4): 646-650.

7 HEC-HMS 模型

HEC-HMS 模型是美国陆军工程师团水文工程中心（HEC）开发的分布式水文模型，可以模拟自然或人工状态下流域降雨-径流及洪水演进过程。HEC-HMS 模型包含了工程水文中大部分常用的方法，具有一系列强大的水文模拟功能，可以模拟流域长期和短期的降雨径流过程。

HEC-HMS 水文模型主要由 HEC-GeoHMS、HEC-DSS 和 HEC-HMS 三部分组成，三者分工不同，采用松散耦合模式整合，能更好地利用模型的水文模拟功能和 GIS 软件的空间分析功能。HEC-GeoHMS 模块依靠 ArcGIS 的强大功能，发挥分布式水文模型的强大优势，通过处理 DEM 高程、土地利用类型、土壤类型等下垫面数据，能够更为真实地反映流域下垫面的特点。HEC-DSS 是模型系统中的数据管理系统，能够和 HEC-HMS 模型进行数据连接，可以有效存储和更新连续性科学数据，其数据类型主要包括时间连续数据（降雨、流量等）、曲线数据（单位线等）以及空间栅格数据等。HEC-HMS 根据输入的 DEM 高程、土壤类型及土地利用类型等下垫面数据，提取各子流域参数用于降雨径流的模拟计算，然后将子流域模拟结果经河道演算到流域出口处。

HEC-HMS 模型综合考虑流域内气候环境、降雨空间分布和下垫面条件的不均匀性，而且充分描述了地表参数变化对流域水文过程的影响。模型将流域降雨径流过程概化为降雨损失、坡面汇流、河道演算、基流 4 个部分，每个部分都包含多种计算方法，通过不同方法的组合运用实现多种产汇流模型的耦合计算，改进洪水模拟。

7.1 模型基本原理与结构

HEC-HMS 模型径流过程表达图如图 7.1-1 所示，包括：

（1）径流量计算模型。

（2）直接径流计算模型（地面径流和层间流）。

（3）基流计算模型。

（4）河道水流计算模型。

其建模思路为：首先根据 DEM 将运用水文分析工具将流域划分成若干个计算河段和子流域，则每个子流域代表一个计算单元；其次对每一个计算单元进行产、汇流计算；最后在每个河段上进行河道演算至流域出口断面。

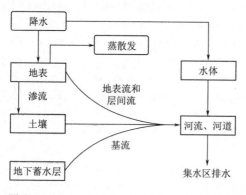

图 7.1-1　HEC-HMS 模型径流过程表达图

HEC-HMS水文模型包含了流域模块、气象模块、控制运行模块和时间序列模块。

（1）流域模块主要包括各水文子单元的降雨损失、产流、坡面汇流、河道汇流和参数优化等内容。

（2）气象模块主要是将输入的各雨量站降雨资料、蒸发资料通过泰森多边形或反距离法等计算各水文子单元的降雨、蒸发数据。

（3）控制运行模块主要是设定各场次洪水的起始、结束时间，时间间隔，计算步长等，为模拟流域降雨径流过程做准备。

（4）时间序列模块用于存放各站降雨量和出口断面的流量资料等，需要在时间窗口输入场次洪水的起始和结束时间，并可以查看各雨量站和水文站的降雨及流量分布表和图。

7.2 降水计算

HEC-HMS从降雨计算地表径流的模型都假定在给定的历史期间降雨在流域上方均匀分布，这要求指定该均匀降雨的特性。对于 HEC-HMS，这些特性包括流域的总降雨深度和降雨的时间分布。

7.2.1 平均面积降雨深计算

所需的流域降雨深可以用平均方法从雨量计的深度得到，即

$$P_{MAP} = \frac{\sum_i \left(\omega_i \sum_i p_i(t) \right)}{\sum_i \omega_i} \qquad (7.2-1)$$

式中：P_{MAP} 为流域总的暴雨平均面降雨深度；$p_i(t)$ 为时间 t 时在第 i 个雨量计位置的降雨深度；ω_i 为分配给雨量计/观测值 i 的权因子。

通常用于确定 P_{MAP} 的雨量计权因子的方法包括算术平均法、泰森多边形法、等雨量线图法和反距离平方法等。

7.2.2 降雨的时间分布

为了得到表示流量随时间变化的水文过程线，必须提供降雨随时间变化的信息。定义降雨类型 $P_{Pattern}(t)$，从式（7.2-1）用下式计算降雨深度的时间分布：

$$P_{MAP}(t) = \left[\frac{P_{Pattern}(t)}{\sum P_{Pattern}} \right] P_{MAP} \qquad (7.2-2)$$

式中：$P_{MAP}(t)$ 为时间 t 时的流域平均面积降雨深度。

和总的暴雨深度一样，降雨类型可以用加权的方法使用雨量计观测记录进行推算：

$$P_{Pattern}(t) = \frac{\sum \omega_i(t) p_i(t)}{\sum \omega_i(t)} \qquad (7.2-3)$$

式中：$p_i(t)$ 为时间 t 时雨量计 i 量测的降雨；$\omega_i(t)$ 为时间 t 时分配给雨量计 i 的权因子。

如果在式（7.2-2）中使用一个单独的雨量计，所推导出的雨量分布图与观测的雨量

分布具有同样的相对分布。如果使用一个或两个雨量计，其分布类型将是这些雨量计的观测值的平均。因此，如果这些雨量计观测数据的时间分布明显不同，就像暴雨移动时的情形，这个平均类型将会使有关流域上的降雨信息变得难以理解。

7.3 径流量计算

HEC - HMS 将流域中的所有陆地和水面划分为直接相连的不透水表面和透水表面。直接相连的不透水表面是流域中那些没有渗透、蒸发或其他水量损失并且对径流产生贡献的部分，透水面上的降雨会发生损失。

HEC - HMS 包含了下面的一些模型来计算累积损失：

（1）初始常速率损失法。

（2）亏欠常速率模型。

（3）SCS 曲线数（CN）损失法。

（4）格林安普特损失法。

（5）连续土壤-湿度计算法。

每个模型都计算各时间间隔的降雨损失，并从该时间间隔的降雨深度中减去降雨损失。剩余的深度被称为净降雨，这个深度在整个流域上被认为是均匀分布的，因此代表了某个径流量。

7.3.1 初始常速率和亏欠常速率损失方法

初始常速率损失方法是指最大的潜在降雨损失 f_c 在整个降雨过程中都是常量。

因此，如果 p_i 是在时间段 t 值 $t+\Delta t$ 的平均面积降雨深度，那么该时间段内的净降雨 pe_i 由下式给出：

$$pe_i = \begin{cases} p_i - f_c & \text{如果 } p_i > f_c \\ 0 & \text{其他情况} \end{cases} \qquad (7.3-1)$$

为了表示截留和坑洼蓄水量，初始损失 I_a 被加到这个模型中。截留蓄水量是包括植被在内的流域地表面覆盖对降雨吸收造成的结果。坑洼蓄水量是由于流域地形上的坑洼造成的结果，水被存储在其中最终还是渗透或蒸发掉了。这项损失发生在径流开始之前。

在透水面上的累积降雨超过初始损失量之前将不会有径流发生。因此该剩余量用下式计算：

$$pe_i = \begin{cases} 0 & \text{如果 } \sum p_i < I_a \\ p_i - f_c & \text{如果 } \sum p_i > I_a \text{ 和 } p_i > f_c \\ 0 & \text{如果 } \sum p_i > I_a \text{ 和 } p_i < f_c \end{cases} \qquad (7.3-2)$$

7.3.2 SCS 曲线损失方法

土壤保护局（SCS）曲线数（CN）模型用下面的方程将净降雨估算为累积降雨量、土地利用和前期湿度的函数：

$$P_c = \frac{(P-I_a)^2}{P-I_a+S} \tag{7.3-3}$$

式中：P_c 为时间 t 时的累积净降雨；P 为时间 t 时的降雨深度；I_a 为初始降雨损失；S 为潜在的最大截留，是流域吸收和截留暴雨降雨能力的度量。

在累积的降雨超过初始降雨损失之前，净雨和径流均等于零。

从许多实验性的小流域的分析结果，SCS 推导出了 I_a 和 S 的经验公式：

$$I_a = 0.2S \tag{7.3-4}$$

因此，时间 t 时累积的净雨为

$$P_e = \frac{(P-0.2S)^2}{P+0.8S} \tag{7.3-5}$$

用该时段开始和结束时的累积净雨的差值计算时间段内净雨的增量。

最大截留 S 和其他流域的特性通过一个中间的参数曲线数（通常被缩写为 CN）相关联：

$$S = \begin{cases} \dfrac{1000-10CN}{CN} & \text{英尺-英磅单位系统} \\[2mm] \dfrac{25400-254CN}{CN} & \text{国际单位制} \end{cases} \tag{7.3-6}$$

对于可透水的高渗透率土壤，曲线数 CN 的值从 100 变化到 30。流域的 CN 数可以被估算为土地利用、土壤类型、流域前期湿度的函数。

7.3.3 格林安普特损失法

HEC－HMS 中的格林安普特（Greenand Ampt）渗透方法是一个流域降雨渗透的概念方法。降雨通过土层渗透传输以及土壤的渗透能力遵从由 Richard 方程。Richard 方程是达西定律推导出的非饱和流条件与质量守恒条件相结合推导出的渗流方程。

格林安普特用下式计算透水区域在某个时间间隔内的降雨损失：

$$P_t = K \left[\frac{1+(\varphi-\theta_i)S_f}{F_t} \right] \tag{7.3-7}$$

式中：f_t 为在时间段 t 内的损失；K 为饱和渗透系数；$\varphi-\theta_i$ 为湿度亏欠量；S_f 为浸润面负压；F_t 为时间 t 时的累积损失。

透水区域的净雨量是该时段内的平均面积降雨深度与用方程（7.3-7）计算出的损失之差。

已被应用到 HEC－HMS 中的格林安普特方法也包含一个初始的损失。这个初始条件代表了表面的积水及其他没有被包含到模型中的损失。

7.3.4 连续土壤-湿度计算法

HEC－HMS 的连续土壤-湿度计算法（SMA 方法）模拟通过或存储在植被、土壤表面、土层断面、地下含水层中的水的运动。给定降雨和蒸散发（ET），该方法可计算流域的表面径流、地下水流、蒸散发损失和整个流域深处的渗滤。SMA 模型是一个连续模型。

SMA 方法用一系列的蓄水层来表示流域，如图 7.3-1 所示。流入和流出各层的流量以及各层的蓄水量控制了每个蓄水单元失去和添加的水量。在模拟中计算当前的蓄水量，该蓄水量在暴雨期间和暴雨之间连续变化。

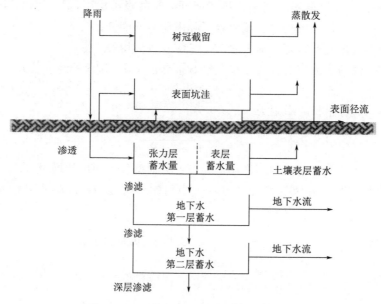

图 7.3-1　连续土壤-湿度计算法概念图

7.4　直接径流计算

HEC-HMS 中包含两类模型模拟流域净雨的直接径流过程：经验模型（empirical model）和概念模型（conceptual model）。经验模型也被称为系统理论模型。传统的各种单位线模型就是这类模型。系统理论模型试图在不考虑这一过程的内部细节的情况下建立径流和净雨之间的联系。模型的方程及参数具有有限的物理意义。模型和参数是通过拟合及优化的方法来选择。HEC-HMS 中的概念模型是指地表流的动波模型。模型尽可能地描述了控制流域地面及较小集水河道中的地表水运动的物理机制。

7.4.1　单位线方法

单位线方法是常用的描述直接径流和净雨关系的经验模型。Sherman 在 1932 年首次提出单位线是"在均匀的降雨速率下在给定的降雨时间内流域上均匀产生的一个单位的净雨深形成的流域出流过程"。单线方法隐含着径流过程是线性的假定，因此大于或小于由一个单位的净雨产生的径流过程可以简单地用一个倍数乘以单位径流过程线得到。

7.4.2　Snyder 单位线方法

1938 年斯奈德（Snyder）提出了参数化单位线的方法，给出了根据流域特征预报单位线参数的关系式。斯奈德在研究中选择洪峰延时、峰值流量和总的时间基准作为单位线的特征值。他定义了一个标准的单位线，其中降雨历时 t_r 与流域洪峰延时 t_p 的关系是：

$$t_p = 5.5t_r \qquad (7.4-1)$$

这里的洪峰延时是单位线峰值时间与对应于净雨分布图的质心的时间之差。如果制定了降雨的历时，就可以找出斯奈德标准单位线的洪峰延时（以及单位线峰值时间）。如果研究流域所需的单位线的历时与式（7.4-1）的历时明显不同，可以使用下面的关系定义单位线的峰值时间和历时：

$$t_{pR} = t_p - \frac{t_r - t}{4} \qquad (7.4-2)$$

式中：t_r 为所需单位线的历时；t_{pR} 为所需单位线的洪峰延时。

对于标准情况，斯奈德发现流域单位降水量单位面积的单位线的延时和峰值可用下式相关联：

$$\frac{U_p}{A} = C \frac{C_p}{t_p} \qquad (7.4-3)$$

式中：U_p 为标准单位线的峰值；A 为流域排水面积；C_p 为单位线峰值系数；C 为转换常数（SI 单位制时为 2.75，英尺-英磅单位系统时为 640）。

对于其他历时，单位线的峰值 t_{pR} 的定义是：

$$\frac{U_{pR}}{A} = C \frac{C_p}{t_{pR}} \qquad (7.4-4)$$

斯奈德单位线方法需要指定标准的洪峰延时 t_p 和系数 C_p。HEC-HMS 设置方程（7.4-2）的 t_{pR} 等于指定的时间间隔，并求解式（7.4-2）以找出所需单位线的洪峰延时。最后，HEC-HMS 求解式（7.4-4）找出单位线峰值。

7.4.3 SCS 单位线方法

美国土壤保护局（SCS）提出了一个参数化的单位线方法，这个方法也包含在 HEC-HMS 中。该方法是从大量有降雨和径流记录的全美国较小的流域中推导出的单位线。

SCS 单位线方法的核心是一个无量纲单峰的单位线。如图 7.4-1 所示，该无量纲的单位线将任意时间 t 的单位线流量 U_t 表示为一个系数乘以单位线峰值流量 U_p 和单位线峰

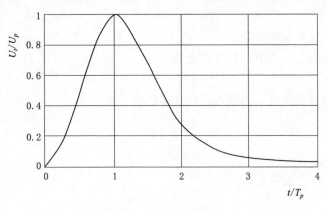

图 7.4-1 SCS 单位线

值时间的分数 T_p。

SCS 单位线峰值和单位线峰值时间的关系为

$$U_p = C \frac{A}{T_p} \qquad (7.4-5)$$

式中：A 为流域面积；C 为转换常数（SI 单位时为 2.08，英尺—英磅单位系统时为 484）。

峰值时间（也被称为涨水时间）与单位净雨历时的关系为

$$T_p = \frac{\Delta t}{2} + t_{lag} \qquad (7.4-6)$$

式中：Δt 为净降雨历时（也是 HEC - HMS 种的计算间隔）；t_{lag} 为流域的洪峰延时，其定义为单位线峰值时间与降雨中心位置时间的差。

当指定了延时后，HEC - HMS 求解式（7.4-6）得到单位线峰值时间，求解式（7.4-5）找出单位线的峰值。通过乘法运算，用已知的 U_p 和 T_p 可以从该无量纲的形式求出单位线。

SCS 方法计算过程简单，资料易于获取，所需参数少，仅需率定每个流域的洪峰滞时参数 t_{lag} 即可，被广泛应用于流域管理、水土保持、无资料流域的径流模拟中。

7.4.4　克拉克单位线方法

克拉克方法通过对净雨转化为径流中的两个重要过程的简化描述推导出了流域的单位线。

（1）净雨从落下的位置通过排水区到流域出口的移动或运动；

（2）当净雨在整个流域中存储时产生的流量量值的衰减或减少。

整个流域的表面土壤和河道的短期蓄水在净雨转变为径流的过程中起重要的作用。线性水库模型是常用的这一蓄水效应的表示方法。该模型以连续方程开始：

$$\frac{dS}{dt} = I_t - O_t \qquad (7.4-7)$$

式中：dS/dt 为时间 t 时的蓄水量时间变化率；I_t 为时间 t 时的平均入河量；O_t 为时间 t 时的出流量。

在线性水库模型中，时间 t 时的蓄水量与出流量的关系是：

$$S_t = RO_t \qquad (7.4-8)$$

式中：R 为常数的线性水库参数。

用有限差分近似合并求解这些方程得到

$$O_t = C_A I_t + C_B O_{t-1} \qquad (7.4-9)$$

式中：C_A，C_B 为演进系数。用下列方程计算这些系数：

$$C_A = \frac{\Delta t}{R + 0.5 \Delta t} \qquad (7.4-10)$$

$$C_B = 1 - C_A \qquad (7.4-11)$$

在 t 时段的平均出流量是：

$$\overline{Q_t} = \frac{Q_{t-1} + Q_t}{2} \qquad (7.4-12)$$

　　在克拉克模型方法中，线性水库表示了所有流域蓄水量的累积影响。这样可以概念性地认为水库位于流域出口处。

7.4.5　修正克拉克单位线方法

　　修正克拉克单位线方法属于分布参数模型，模型明确地考虑了从流域各个区域到流域出口的运动时间的变化性。

　　修正克拉克方法和克拉克方法一样，径流计算清楚地考虑了移动和蓄水量，用线性水库模型考虑蓄水量。用基于栅格的运动时间模型考虑移动。在修正克拉克方法中，流域上面覆盖了一个网格。对于流域网格上的每一个单元，指定单元到流域出口的距离。从单元到出口的移动时间计算如下：

$$t_{cell} = t_c \frac{d_{cell}}{d_{max}} \qquad (7.4-13)$$

式中：t_{cell} 为一个单元的运动时间；t_c 为流域的汇流时间；d_{cell} 为从一个单元到出口的运动距离；d_{max} 为距离出口最远的单元的运动距离。

　　每一个单元的面积是确定的，可以用面积与净雨的乘积计算各个时间段 Δt 的进入该线性水库的入流。该净雨量就是该单元上的降雨深度和损失的差值。如此计算的入流量通过一个线性水库的演进，得出每一个单元的出流水文过程。HEC-HMS 将这些单元的出流过程合成起来以确定流域地表径流过程线。

7.4.6　动波方法

　　动波模型属于流域响应的概念模型，该方法通过计算明渠中的非恒定流的传播过程，依据连续方程和动量方程的有限差分法进行计算。常用的公式为

$$\begin{cases} \dfrac{\partial h}{\partial t} + \dfrac{\partial q}{\partial x} = i(t) \\ q = \dfrac{1}{n} S_0^{1/2} h^{5/2} \end{cases} \qquad (7.4-14)$$

式中：h 为水深；t 为时间；q 为单宽流量；x 为坡面某点距离坡顶的水平距离位；$i(t)$ 为坡面上距离坡顶 x 米处在 t 时刻的单宽净雨量；S_0 为坡面坡度；n 为曼宁粗糙系数。

7.5　基流计算

　　HEC-HMS 模型提供了三种用于模拟流域基流的方法，分别是常数月变化法、指数衰退法和线性水库法。

7.5.1　常数月变化法

　　这是 HEC-HMS 中最简单的基流模型。模型将基流描述为恒定流，基流每月发生一次变化。这一用户指定的流量在每一个模拟的时间步长被添加到从降水计算出的地表径流上。

7.5.2 指数衰退法

HEC - HMS 包含了一个表示流域基流的指数衰减模型，这个衰减模型常用于解释流域蓄水量的自然排水。该模型用初始值将时间 t 时的基流 Q_t 定义为

$$Q_t = Q_0 k^t \tag{7.5-1}$$

式中：Q_0 为初始基流（时间等于 0 时）；k 为指数衰减常数。

图 7.5-1 表示了用此方法计算出的基流。图 7.5-1 中阴影的区域表示基流，基流从流量的初始值开始以指数方式衰减。总的流量等于基流与地表径流之和。

在 HEC - HMS 中使用时，k 被定义为时间 t 时的基流与前一天基流的比值。开始时的基流值 Q_0 是该模型的初始条件。它可以被定义为流量，或者也可以被指定为单位面积的流量。

在 HEC - HMS 中，该基流模型可以用于暴雨事件模拟计算开始之时和降水事件中被延迟的地表径流到达流域河道之后，如图 7.5-2 所示。图 7.5-2 中，直接径流的峰值后，用户指定的一个阈值流量定义了式（7.5-1）的衰减模型定义的总流量。该阈值流量与峰值流量的比率可以指定为 0.1，如果计算峰值流量为 $1000\mathrm{m^3/s}$，那么阈值流量就等于 $100\mathrm{m^3/s}$。相应的总流量用式（7.5-1）计算，Q_0 为该指定的阈值流量。

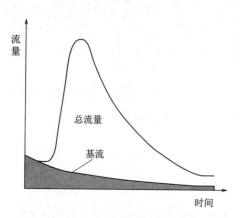

图 7.5-1 初始基流的衰减

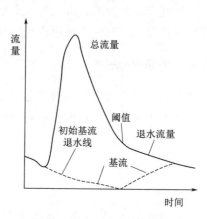

图 7.5-2 基流模型示意图

在阈值流量处，用初始基流的衰减定义基流。此后，基流不是直接计算出来的，而是被定义为逐渐衰减的总流量减去直接径流。当直接径流量最终变为 0 时（所有的降雨都流过流域），总的水流就等于基流了。

阈值流量出现之后，河流的水文过程线纵坐标可以单独用该衰减模型定义，除非地表径流加初始基流衰减贡献量超过该阈值。这种情况可能发生在后续的降雨，使水文过程线产生了第二次的上升，此时，用地表径流加初始衰减计算得到第二次涨水线。

7.5.3 线性水库法

线性水库法将地下水流的存储和运动模拟为水库之间的水的运动。这些水库是线性的，模型中各时间步长的出流是时间步长内平均蓄水量的函数，这与克拉克单位线模型的

方式相同。来自 SMA（土壤湿度计算模型）的地下水层 1 的出流是线性水库的入流，SMA 的地下水层 2 的出流是另一个水库的入流。这两个线性水库的出流和用于计算流域总的基流。

7.6 河道水流计算

HEC-HMS 中的河道水流模型包括修正的 Puls 模型、马斯京根（Muskingum）模型、延迟（Lag）模型、动波模型（Kinematic-wave）、马斯京根-康奇模型（Muskingum-Cunge）等。每一种模型都以上游水文过程作为边界条件计算下游的水文过程。每种模型都要通过求解连续方程和运动方程进行验算。

HEC-HMS 演进模型的核心就是明渠水流的基本方程：动量方程和连续方程。这两个方程一起被称为圣维南方程或动波方程。

动量方程考虑明渠水体上的各种作用力。简而言之，让重力、水压力、摩擦力的和等于流体质量与加速度的乘积。在一维情况下，方程可以写成

$$S_f = S_0 - \frac{\partial y}{\partial x} - \frac{V}{g}\frac{\partial V}{\partial x} - \frac{1}{g}\frac{\partial V}{\partial t} \qquad (7.6-1)$$

式中：S_f 为能量梯度（也被称为摩擦坡度）；S_0 为底坡度；V 为流速；y 为水力深度；x 为沿着流径的长度；t 为时间；g 为重力加速度；$\frac{\partial y}{\partial x}$ 为压力梯度；$\frac{V}{g}\frac{\partial V}{\partial x}$ 为对流加速度；$\frac{1}{g}\frac{\partial V}{\partial t}$ 为局部加速度。

连续方程考虑了包括流入流出和蓄积在河段中的水量。一维情况下，方程是：

$$A\frac{\partial V}{\partial x} + VB\frac{\partial y}{\partial x} + B\frac{\partial y}{\partial t} = q \qquad (7.6-2)$$

式中：B 为水面宽度；q 为单位渠长的侧向入流。

式（7.6-2）中的各项描述了河段或湖泊及水池中的入流量、出流量或蓄水量。Henderson（1966）将 $A\frac{\partial V}{\partial x}$ 称为棱柱体蓄水量；$VB\frac{\partial y}{\partial x}$ 称为楔形蓄水量；$B\frac{\partial y}{\partial t}$ 称为上升速率。

推导动量方程和连续方程的基本原理和假定是：

（1）速度是常数，在河道的任意横断面上的水面是水平的。

（2）所有水流都是渐变流，且所有的点上面的压力是静水压力。这样可以忽略垂直方向的加速度。

（3）不发生侧向的二级环流。

（4）渠道边界是固定的；渠道断面不因冲刷和淤积改变。

（5）水的密度是均匀的，流体阻力可以用经验公式描述，如曼宁和谢才方程。

7.6.1 修正的 Puls 模型

修正的 Puls 模型，也称为蓄水演进或水平池演进，是基于连续方程的有限差分法并耦合了经验表达的动量方程。修正的 Puls 演进模型的连续方程可写成

$$\frac{\partial Q}{\partial x} + \frac{\partial A}{\partial t} = 0 \tag{7.6-3}$$

简化条件中假定侧向入流作用不明显，并允许宽度可随位置变化。结合偏导数的有限差分就得到

$$\overline{I_t} - \overline{O_t} = \frac{\Delta S_t}{\Delta t} \tag{7.6-4}$$

式中：$\overline{I_t}$ 为在时间 Δt 内的上游平均流量（进入河段的）；$\overline{O_t}$ 为同一时段的下游平均流量（流出河段的）；ΔS_t 为该时段中河段中蓄水量的变化量。

用简单的向后差分法并重新整理结果分离出未知量就得到

$$\left(\frac{S_t}{\Delta t} + \frac{Q_t}{2}\right) = \left(\frac{I_{t-1} + I_t}{2}\right) + \left(\frac{S_{t-1}}{\Delta t} + \frac{O_{t-1}}{2}\right) \tag{7.6-5}$$

式中：I_{t-1} 和 I_t 分别为河段在时间 $t-1$ 和 t 时入流过程线纵坐标；O_{t-1} 和 O_t 分别为河段在时间 $t-1$ 和 t 时出流过程线纵坐标；S_{t-1} 和 S_t 分别为河段在时间 $t-1$ 和 t 时的蓄水量。HEC－HMS 中用试算法递归求解该方程。

7.6.2　马斯京根模型

马斯京根法与 Plus 演进模型一样使用简化后的连续方程的有限差分近似法：

$$\frac{\Delta t}{2}(I_{t-1} + I_t) - \frac{\Delta t}{2}(O_{t-1} + O_t) = S_t - S_{t-1} \tag{7.6-6}$$

河道中的蓄水量被模拟成棱柱蓄水量和楔形体蓄水量。

如图 7.6-1 所示，棱柱体蓄水量是一个由恒定流水面线定义的体积，而楔形体蓄水量是洪水波水面线下附加的体积。在洪水的上升阶段，楔形体蓄水量是正的，并被添加到棱柱体蓄水量之上。在洪水的落水阶段，楔形体蓄水量是负的，并从棱柱体蓄水量上被减去。

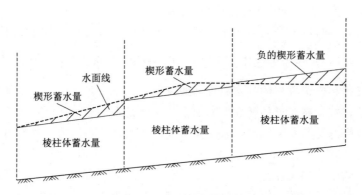

图 7.6-1　楔形体蓄水量

槽蓄曲线方程为

$$S = K[xI + (1-x)Q] \tag{7.6-7}$$

式中：K 为洪水波通过演进段的运动时间；x 为无量纲的权重（$0 \leqslant x \leqslant 0.5$）。

将式（7.6-6）、式（7.6-7）联立求解，可得马斯京根演算方程如下：

$$Q_2 = C_0 I_2 + C_1 I_1 + C_2 Q_1 \qquad (7.6-8)$$

$$\begin{cases} C_0 = \dfrac{0.5\Delta t - Kx}{0.5\Delta t + K - Kx} \\[2mm] C_0 = \dfrac{0.5\Delta t + Kx}{0.5\Delta t + K - Kx} \\[2mm] C_0 = \dfrac{-0.5\Delta t + K - Kx}{0.5\Delta t + K - Kx} \end{cases} \qquad (7.6-9)$$

$$C_0 + C_1 + C_2 = 1 \qquad (7.6-10)$$

7.6.3 延迟模型

延迟模型是 HEC-HMS 演进模型中最简单的模型。其中出流过程线被简化为入流过程线，所不同的是所有的纵坐标平移（时间的延迟）了一个指定的时间。流量不发生衰减，因此过程线的形状不发生变化。

下游的纵坐标用下式计算：

$$Q_t = \begin{cases} I_t & t < lag \\ I_{t-lag} & t \geqslant lag \end{cases} \qquad (7.6-11)$$

式中：O_t 为时间 t 时的出流过程线纵坐标；I_t 为时间 t 时的入流过程线纵坐标；lag 为入流纵坐标被延迟的时间。

图 7.6-2 为延迟模型示意图。在图 7.6-2 中，上游（入流）水文过程线是边界条件。下游过程线是计算的出流，每个纵坐标都等于比它早的入流坐标并在时间上被延迟。

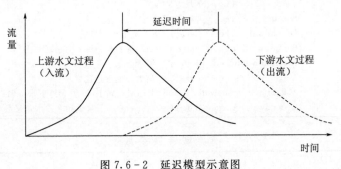

图 7.6-2　延迟模型示意图

延迟模型是其他模型的一个特例。因为在其他模型中通过特意选择模型参数就可以再现延迟模型的结果。

7.7　模型参数

7.7.1　模型参数

HEC-HMS 中主要的参数见下表。其中子流域损失速度参数见表 7.7-1，子流域转换参数见表 7.7-2，子流域基流参数见表 7.7-3，河道演进参数见表 7.7-4。

表 7.7－1 子流域损失速度参数

方　法	参　数
亏欠常数法	Initial Deficit 初始亏欠 Constant Loss Rate 常损失速率 Maximum Storage 最大蓄水量 Recovery Factor 恢复因子
初始常数法	Initial Loss 初始损失 Constant Loss Rate 常损失速率
指数法	Initial Range 初始范围 Exponent 指数 Loss Coefficient Ratio 损失系数比 Initial Loss Coefficient 初始损失系数
Green Ampt	Initial Loss 初始损失 Hydraulic Conductivity 渗透系数 Wetting Front Suction 浸润锋吸力 Moisture Deficit 湿度亏欠
CN	Initial Abstraction 初始吸收 Curve Number 曲线数
栅格 CN	Initial Abstraction Ratio 初始吸收率 Potential Retention Factor 潜在滞留系数
SMA	Canopy Capacity 树冠容量 Canopy Initial Percent 树冠初始百分比 Surface Capacity 表面容量 Surface Initial Percent 表面初始百分比 Soil Capacity 土壤容量 Tension Zone Capacity 张力带容量 Soil Initial Percent 土壤初始百分比 Groundwater 1 and 2 Capacity 地下水 1 和 2 容量 Groundwater 1 and 2 Initial Percent 地下水 1 和 2 初始百分比 Maximum Infiltration Rate 最大渗透速率 Maximum Soil Percolation Rate 最大土壤渗透速率 Maximum Groundwater 1 and 2 Percolation Rate 最大地下水 1 和 2 渗透速率 Groundwater 1 and 2 Storage Coefficient 地下水 1 和 2 蓄水量系数

表 7.7－2 子流域转换参数

方　法	参　数
克拉克法	Time of Concentration 汇流时间
	Storage Coefficient 蓄水量系数
动波法	Channel Manning's n 河道的曼宁系数
	Collector Manning's n 流域曼宁系数
	Subcollector Manning's n 子流域曼宁系数
修正克拉克法	Time of Concentration 汇流时间
	Storage Coefficient 蓄水量系数
SCS 法	Time Lag 时间间隔
斯奈德法	Peaking Coefficient 峰值系数
	Standard Lag 标准间隔

表 7.7 - 3	子流域基流参数
方　法	参　数
有界消退法	Initial Flow Rate 初始流量
	Initial Flow Rate per Area 单位面积的初始流量
	Recession Constant 消退常数
线性水库法	Groundwater 1 Storage Coefficient 地下水 1 蓄水量系数
	Groundwater 1 Number of Steps 地下水 1 步数
	Groundwater 2 Number of Steps 地下水 2 步数
	Groundwater 2 Storage Coefficient 地下水 2 蓄水量系数
非线性 Boussineq 法	Initial Flow Rate 初始流量
	Initial Flow Rate per Area 单位面积的初始流量
	Hydraulic Conductivity 渗透系数
	Drainable Porosity 可排水孔隙率
	Threshold Ratio 临界值比
	Threshold Flow Rate 临界流量
退水法	Initial Flow Rate 初始流量
	Initial Flow Rate per Area 单位面积的初始流量
	Recession Constant 消退常数
	Threshold Ratio 临界值比
	Threshold Flow Rate 临界流量

表 7.7 - 4	河道演进参数
方　法	参　数
间隔法	Time Lag 时间间隔
修正的 Puls 法	Number of Steps 步数
马斯京根法	Muskingum K 马斯京根
	Muskingum x 马斯京根
	Number of Steps 步数
马斯京根-春格法	Manning's n 曼宁系数

7.7.2　参数优化

参数一般需要优化获得，HEC - HMS 水文模型常用两种优化方法，分别是单变量梯度搜索算法和 Nelder and Mead 算法。

7.7.2.1　单变量梯度搜索算法

HEC - HMS 中的单变量搜索算法可对参数估算值进行连续的修正。也就是说，如果 x^k 代表目标函数 $f(x^k)$ 第 k 回试算的参数估算值，那么 $k+1$ 回定义一个新的估算值

x^{k+1} 为

$$x^{k+1} = x^k + \Delta x^k \qquad (7.7-1)$$

式中：Δx^k 为参数的改正量。

HEC-HMS 中使用的梯度法的基础是牛顿法。求取 Δx^k 的步骤为

（1）目标函数以泰勒级数近似表示为

$$f(x^{k+1}) = f(x^k) + \Delta x^k \frac{\mathrm{d}f(x^k)}{\mathrm{d}x} + \frac{(\Delta x^k)^2}{2} \frac{\mathrm{d}^2 f(x^k)}{\mathrm{d}x^2} \qquad (7.7-2)$$

式中：$f(x^{k+1})$ 为 k 次循环计算时的目标函数，$\mathrm{d}f(x^k)/\mathrm{d}x$ 和 $\mathrm{d}^2 f(x^k)/\mathrm{d}x^2$ 分别为目标函数的一阶和二阶导数。

（2）理论上选择 x^{k+1} 使 $f(x^{k+1})$ 最小，即 $f(x^{k+1})$ 的导数应等于 0。为此，求出方程（7.7-2）的导数并使之等于 0，同时省去高次项可得到

$$0 = \frac{\mathrm{d}(x^k)}{\mathrm{d}x} + \Delta x^k \frac{\mathrm{d}^2 f(x^k)}{\mathrm{d}x^2} \qquad (7.7-3)$$

则由上式得

$$\Delta x^k = -\frac{\dfrac{\mathrm{d}f(x^k)}{\mathrm{d}x}}{\dfrac{\mathrm{d}^2 f(x^k)}{\mathrm{d}x^2}} \qquad (7.7-4)$$

HEC-HMS 用近似解的方法计算目标函数的一阶和二阶导数，计算如下：

（1）定义与 x^k 相邻的两个替代参数 x_1^k 和 x_2^k，设 $x_1^k = 0.99x^k$ 和 $x_2^k = 0.98x^k$，并计算每一个参数的目标函数。

（2）计算 3 个参数之间的差值，得 $\Delta_1 = f(x_1^k) - f(x^k)$ 和 $\Delta_2 = f(x_2^k) - f(x^k)$。

（3）目标函数的一阶导数近似为 Δ_1，二阶导数近似为 $\Delta_2 - \Delta_1$。将近似值代入下式可得到牛顿法的修正值 Δx^k。

$$\Delta x^k = 0.01Cx^k \qquad (7.7-5)$$

C 值见表 7.7-5，除此外，HEC-HMS 对每一个 x^{k+1} 进行检测，看检验结果是否满足 $f(x^{k+1}) < f(x^k)$ 的条件，若不满足，则令 $x^{k+1} = 0.7x^k + 0.3x^{k+1}$，若满足 $f(x^{k+2}) > f(x^k)$ 的条件，则搜索结束，并认定已不需要修改。

表 7.7-5　　　　　　　　　　单变量梯度搜索法改正系数

$\Delta_2 - \Delta_1$	Δ_1	C
> 0	—	$\dfrac{\Delta_1}{\Delta_2} - 0.5$
< 0	> 0	50
	$\leqslant 0$	-33
$= 0$	< 0	-33
	$= 0$	0
	> 0	50

7.7.2.2 Nelder and Mead 算法

Nelder and Mead 算法不使用目标函数的导数进行最优参数值的搜索。相反，该算法依靠一种更简单的搜索。在搜索中，用下面的方法选择参数估算值，即根据前一步的试算获得的结果识别好的估算值并排除差的估算值，从用好的估算值建立的模式生成更好的估算值。

Nelder and Mead 搜索法使用一个单纯形，即一组替代的参数值。对于一个有 n 个参数的模型，该单纯形有着 $n+1$ 个不同集合的参数。例如，如果该模型有两个参数，这两个参数的每一个参数的由三个估算值组成的集合包含在这个单纯形中。

几何上看，可将 n 个模型参数视为空间的维数，单纯形作为 n 维空间中的多面体，每一个参数集合作为该多面体的 $n+1$ 个顶点。在双参数模型情况，单纯形就是一个二维空间的三角形，如图 7.7-1 所示。

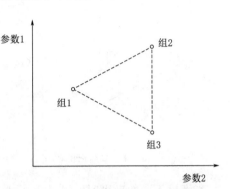

图 7.7-1 二参数模型的初始单纯形

Nelder and Mead 算法改进单纯形以找出一个顶点，在这个顶点上目标函数的值是最小的。为此，该方法进行下面的运算：

（1）比较。改进的第一步是找出产生最坏（最大）的目标函数值的单存形的顶点，以及产生最好的（最小）的目标函数值的单存形的顶点。在图 7.7-2 中，分别用 W 和 B 标记表示。

（2）对称。下一步是找出所有顶点的质心，不包括 W 点；该质心用图 7.7-2 中用标记 C 表示。算法接着从 W 定义一条通过该质心的直线，沿着该直线对称距离 WC 定义一个新的顶点 R，如图 7.7-2 所示。

（3）扩展。如果用点 R 代表的该参数集合比该最好的顶点要好，或同样好，算法沿同一方向进一步扩展该单纯形，如图 7.7-3 所示。这就在图中定义了一个扩展的顶点 E。如果该扩展的顶点比做好的还要好，就用这个扩展的顶点代替单纯形最差的顶点。如果扩展的顶点不是最好的点，那么就用反射的顶点代替最差的顶点。

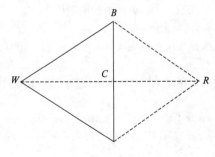

图 7.7-2 单纯形的反射

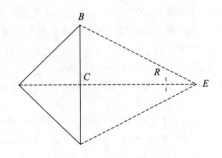

图 7.7-3 单纯形的扩展

（4）收缩。如果反射顶点比最好顶点差，但是比某些其他的顶点要好（不包括最差的），通过替换最坏的顶点收缩该单纯形。如果反射顶点不比其他任何点好，排除最差点，收缩单纯形。这一过程如图 7.7－4 所示。为此，最差点沿着直线向质心移动。如果该收缩点的目标函数较好，就用这个点替代最差点。

（5）减小。如果收缩顶点没有改进，则单纯通过向最佳点移动所有的顶点而被减小。这就会产生新的顶点 R_1 和 R_2，如图 7.7－5 所示。

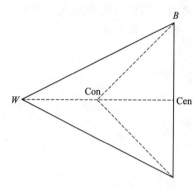

图 7.7－4 单纯形的收缩

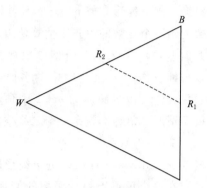

图 7.7－5 单纯形的减小

当满足下面的准则时，Nelder and Mead 的搜索就会结束：

（1）

$$\sqrt{\sum_{j=1,\,j\|worst}^{n} \frac{(z_j - z_c)^2}{n-1}} < tolerance \qquad (7.7-6)$$

式中：n 为参数个数；j 为顶点下标；c 为质心点下标；z_j 和 z_c 分别对应顶点 j 和 c 的目标函数。

（2）试算次数到达参数个数的 50 倍。

当搜索结束由最好顶点代表的参数就会被认为是最优参数值。

主 要 参 考 文 献

［1］ 高玉芳，陈耀登，蒋义芳，等 . DEM 数据源及分辨率对 HEC－HMS 水文模拟的影响 ［J］. 水科学进展，2015，26（5）：624－630.

［2］ 李向新 . HEC－HMS 水文建模系统原理方法应用 ［M］. 北京：中国水利水电出版社，2015.

［3］ 杨明祥 . 基于陆气耦合的降水径流预报研究 ［D］. 北京：清华大学，2015.

［4］ 雍斌，张万昌，赵登忠，等 . HEC－HMS 水文模型系统在汉江褒河流域的应用研究 ［J］. 水土保持通报，2006（3）：86－90.

［5］ 张建军，纳磊，张波 . HEC－HMS 分布式水文模型在黄土高原小流域的可应用性 ［J］. 北京林业大学学报，2009，31（3）：52－57.

［6］ Bennett T H. Development and application of a continuous soil moisture accounting algorithm for the Hydrologic Engineering Center Hydrologic Modeling System（HEC－HMS）［D］. CA：University of California，Davis，1998.

［7］ Chow V T，Maidment D R，Mays L W，et al. Applied hydrology ［M］. New York：McGraw－

Hill，1988.

[8] Diskin M H，Simon，A procedure for the selection objective functions for hydrologic simulation models [J]. Journal of Hydrology，1977，34：119 – 149.

[9] Feldman A D. HEC models for water resources management simulation：theory and experience [J]. Advances in Hydro – science，1981，12：297 – 423.

[10] Norman Miller. Urban hydrology for small watersheds [R]. Springfield：USDA，1985.

[11] Pilgrim D H I，Cordery. Flood runoff [A]//Handbook of hydrology [C]. New York：McGraw – Hill，1992.

[12] Stephenson D. Direct optimization of Muskingum routing coefficients [J]. Journal of Hydrology，1979，41：161 – 165.

[13] Strelkoff T. Comparative analysis of flood routing methods [R]. CA：Hydrologic Engineering Center，Davis，1980.

[14] USACE. HEC – 1 flood hydrograph package user's manual [M]. CA：Hydrologic Engineering Center，Davis，1998.

[15] USACE. Hydrologic Modeling System HEC – HMS Technical Reference Manual [M]. CA：Hydrologic Engineering Center，2000.

[16] USACE. Hydrologic Modeling System User's Manual Version4. 0 [M]. CA：Hydrologic Engineering Center，2010.

8 TOPMODEL 模型

TOPMODEL（topgraphy based hydrological model）模型是一个以地形为基础、基于变源面积概念的半分布式水文模型，由 Beven 和 Kirkby 于 1979 年提出，经过几十年的发展，在水文领域得到十分广泛的应用。TOPMODEL 模型在集总式水文模型和分布式流域水文模型之间起到了一个承上启下的作用，它将集总式水文模型计算和参数方面的优点与分布式水文模型物理理论较好地结合在了一起。TOPMODEL 模型的显著特点是利用地形指数来反映流域水文现象，即以地形指数的空间变化来模拟径流产生的变动产流面积，尤其是模拟地表或地下饱和水源面积的变动，简化流域降水径流过程的模拟。模型具有结构简单、优选参数少、物理概念明确、模拟精度高、易于 GIS 相结合等优点。

TOPMODEL 模型与新安江模型一样，采用蓄满产流的概念，理论上适用于湿润地区与半湿润地区。

8.1 模型基本原理与结构

8.1.1 基本概念与假设

流域变动产流理论（variable source area concept，VSAC）是构成 TOPMODEL 产流机制的理论基础，是将动态非均匀的、复杂的水文物理现象概化为简单直观的水文过程的理论依据。图 8.1－1 所示为 TOPMODEL 物理概念示意图。

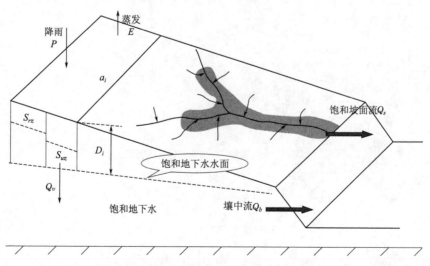

图 8.1－1 TOPMODEL 物理概念示意图

TOPMODEL 模型假设在流域内任何一处的土壤里有 3 个不同的含水区：第 1 个是植被根系区 S_{rz}；第 2 个是土壤非饱和区 S_{uz}（或称重力排水层）；第 3 个就是饱和地下水区，用饱和地下水面距流域土壤表面的深度 D_i（或缺水深度）来表示，如图 8.1-1 所示。若将流域划分为若干个单元网格，那么对于每一个单元网格，其水分运动规律如下（图 8.1-2）：降水首先被植被冠层截留后渗入植被根系区，存储在根系层的水部分被蒸发，当植被根系层土壤含水量满足田间持水量后多余的水分进入土壤非饱和区。非饱和区的土壤水以一定的速率 q_v 垂直进入饱和地下水带（或饱和含水带）。在饱和地下水带，水分通过侧向运动形成壤中流 q_b（或基流）。随着降雨下渗的不断进行，饱和地下水面不断抬高，如果有一部分面积地下水位抬升至地表面形成饱和面，就会产生饱和坡面流 q_s（或地面径流），饱和坡面流主要产生于这种饱和地表面（或源面积）上。将 q_b，q_s 分别在整个流域上积分，得到 Q_b，Q_s。因此在 TOPMODEL 中，流域总径流是壤中流 q_b 和饱和坡面流 q_s 之和。

$$Q = Q_b + Q_s \tag{8.1-1}$$

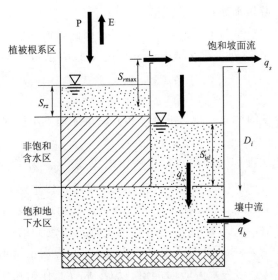

图 8.1-2　单元网格水分运动示意图

在整个计算过程中，源面积是不断变化的，也称为变动产流面积。流域源面积的位置受流域地形和土壤水力特性两个因素的影响，一般位于河道附近，随着下渗的持续，饱和面积向河道两边的坡面延伸，如图 8.1-1 和图 8.1-3 所示，这种延伸同时受到来自山坡上部的非饱和壤中流的影响。所以，在一定意义上，变动产流面积可看作河道系统的延伸。TOPMODEL 主要通过流域缺水量来确定源面积的大小和位置，而缺水量的大小可由地形指数计算，因此 TOPMODEL 被称为以地形为基础的水文模型。

TOPMODEL 模型是基于蓄满产流机制的，其开发研制基于下述 3 个假定：

（1）在上坡产流面积 a 中存在一个稳定补给率的均衡饱和区；可知任意时段内土壤中都存在准静止状态的水流，当地下水补给率在空间上相等，则任何地方的单位过水宽度壤中流速率 q_i 等于上游来水量，即

$$q_i = r a_i \tag{8.1-2}$$

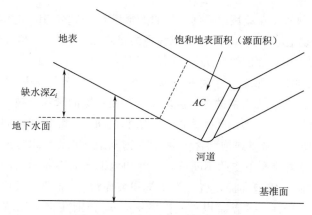

图 8.1 - 3 变动产流原理示意图

假定全流域均匀分布，r 为流域产流速率（有效补给率），a_i 为单宽集水面积（通过每单位等高线长度的上游集水面积），量纲为 $[L^2]$。

（2）饱和层地下水位总是与地面（坡面）平行，因此，饱和层有效水力传导梯度与地面局部坡度 $\tan\beta$ 相等，由达西定律，壤中流速率 q_i 可以表示为

$$q_i = T_i \tan\beta_i \qquad (8.1 - 3)$$

式中：T_i 为 i 处的导水率。

（3）土壤水力传导度的坡面分布与土壤饱和亏缺量或地下水位深度呈指数关系：

$$T_i = T_o e^{-SD_i/m} \qquad (8.1 - 4)$$

SD_i 定义为局部未达饱和时的缺水量（一般以 D 表示，为了与 BTOPMC 中单位一致，此处用 SD 表示，$\overline{SD}$ 也一样，下同），具有长度单位，以水深表示；m 为控制土壤剖面导水率下降速率的模型参数，也是用长度单位表示，其物理意义是它控制流域土壤剖面的有效深度或有效蓄水量，较大的 m 值将有效地增加土壤剖面的有效蓄水量，而较小的 m 值则产生具有显著的导水率衰退的浅层有效土壤；T_o 为当土壤饱和时的侧向（水平）导水率；T_o、$\tan\beta$ 和 SD_i 均为点 i 的局部值。SD_i 和 T_o 有相互作用关系：SD_i 值大，则增加土壤坡面的活跃深度；SD_i 值小，尤其是结合一个相对高的 T_o 时，有效土壤很浅，但此时传导率却有显著的延迟。

TOPMODEL 模型以上述 3 个假定为基础，推导出了流域的产流公式，再计算出地形指数，认为地形指数相同的网格产流相同，计算出具有相同地形指数网格的产流量，再以面积为权重计算出整个流域的平均产流量，最后采用类似等流时线的方法将流域上的水量汇合到流域出口。依此可见，TOPMODEL 模型是一个半分布式水文模型，对降雨、蒸散发、土壤含水量等的不均匀性分布考虑很不够，当流域面积增大时，式（8.1 - 4）的适用性将受到很大的限制。

8.1.2 基本方程

TOPMODEL 中定义土壤缺水量 SD 为土壤含水量与饱和含水量之间的差值。$SD_i = 0$ 的位置占有的面积即为饱和源面积，在这些面积上将产生饱和地面径流。缺水量计算基本

方程的推导主要是应用了连续方程和达西定律。根据前面的式（8.1-3）可知，有效地下水位梯度和饱和流平行与地表梯度，由式（8.1-3）、式（8.1-4）山坡上任一点 i 的单位过水宽度壤中流 q_i 速率为

$$q_i = T_i \tan\beta_i = T_o \tan\beta_i \, e^{(-SD_i/m)} \tag{8.1-5}$$

注意：$\tan\beta$ 表示水力梯度，是以坡度作为单位平面距离（而不是沿山坡）的高程变化来计算为基础的。

联解式（8.1-2）、式（8.1-5）有

$$T_o \tan\beta_i \exp(-SD_i/m) = ra \Rightarrow -SD_i/m = \ln(ra/T_o\tan\beta_i)$$

进而得出任一点局部地下水位深度 SD_i 与该点地形指数 $\ln(a_i/\tan\beta_i)$ 的关系表达式：

$$SD_i = -m\ln\frac{ra_i}{T_o\tan\beta_i} \tag{8.1-6}$$

当土壤饱和时，局部缺水量为 0，并且随着土壤干燥与地下水位下降，缺水量数值变大。通过求解式（8.1-6）在补给地下水位的整个流域区域的积分，可以得到流域集总（或平均）缺水量（$\overline{SD}$）的表达式。以流域内所有点（或网格）的总和来表示面平均缺水量：

$$\overline{SD} = \frac{1}{A}\sum_i A_i\left(-m\ln\frac{ra_i}{T_o\tan\beta_i}\right) \tag{8.1-7}$$

式中：A 为流域面积；A_i 为与点 i 有关的面积（具有同种特性的点群）。

进一步假设参数 T_o 和 m 是连续的，即土壤是同类的并且具有相同的深度，则式（8.1-6）变为

$$\begin{aligned}
\overline{SD} &= \frac{1}{A}\sum_i A_i\left(-m\ln\frac{a_i}{T_o\tan\beta_i} - m\ln r\right) \\
&= \frac{m}{A}\sum_i A_i\left(-\ln\frac{a_i}{T_o\tan\beta_i}\right) - m\ln r
\end{aligned} \tag{8.1-8}$$

式中：$\ln r$ 可以由式（8.1-6）得到

$$\ln r = \frac{\overline{SD_i}}{m} - \ln\frac{a_i}{T_o\tan\beta_i}$$

将上式代入到式（8.1-8）中，有

$$\overline{SD} = -\frac{m}{A}\sum_i A_i\ln\frac{a_i}{T_o\tan\beta_i} + SD_i + m\ln\frac{a_i}{T_o\tan\beta_i} \tag{8.1-9}$$

定义土壤-地形指标（Beven，1986b）为

$$\gamma_i = \ln\frac{a_i}{T_o\tan\beta_i} \tag{8.1-10}$$

流域土壤平均地形指标为

$$\overline{\gamma} = \frac{1}{A}\sum_i A_i\ln\frac{a_i}{T_o\tan\beta_i}$$

则式（8.1-9）可表示为

$$SD_i = \overline{SD} + m(\overline{\gamma} - \gamma_i) \tag{8.1-11}$$

根据式（8.1-11），给定流域平均缺水 $\overline{SD}$，局部任一点的缺水均可以计算。

　　土壤地形指标在 TOPMODEL 中是一个十分重要的概念，表示的是流域任何一点发展到饱和状态的趋势，尤其是反映汇流和存储在流域任何一点的水的趋势（在 a_i 和 T_0 方面）和因为重力作用向下坡流动的趋势（用 $\tan\beta_i$ 近似表示水力坡度）。高指标值将会由坡长或者上坡偏差造成的 a_i 的值偏高引起，并且坡度角小时土壤导水率就低。一个高指标意味着它对土壤断面达到饱和和引起地表流是比较容易的。

　　在 TOPMODEL 中，在 T_0 和 m 的同类的假定下，带有同样的土壤地形指标的点将有相同的本地饱和差（式 8.1－11），如果在流域上的降雨是同类的，那么这些指将会有同样的地表流和基流。因此，土壤地形指标被认为是水文相似的一个指标并且被表示为一个分布方程。对流量的计算需要每一类型区域的指标但是并非对于空间中的每一个单独的位置。这使计算有效的，但是如果同类的假定不符合实际，计算的优势就会消失。

　　离散的面平均导水率（传导率）定义为

$$\ln T_e = \frac{1}{A} \sum_i A_i \ln T_o \qquad (8.1-12)$$

则式（8.1－11）可以写为

$$\frac{\overline{SD} - SD_i}{m} = \gamma_i - \bar{\gamma} = \ln \frac{a_i}{T_o \tan\beta_i} - \frac{1}{A} \sum_i A_i \ln \frac{a_i}{T_o \tan\beta_i}$$

$$= \left(\ln - \frac{a_i}{\tan\beta_i} - \ln T_o \right) - \left(\frac{1}{A} \sum_i A_i \ln \frac{a_i}{\tan\beta_i} - \frac{1}{A} \sum_i A_i \ln T_o \right)$$

$$= - \left(\frac{1}{A} \sum_i A_i \ln \frac{a_i}{\tan\beta_i} - \ln \frac{a_i}{\tan\beta_i} \right) - \left(\ln T_o - \frac{1}{A} \sum_i A_i \ln T_o \right)$$

$$= - \left(\lambda - \ln \frac{a_i}{\tan\beta_i} \right) - (\ln T_o - \ln T_e) \qquad (8.1-13)$$

式中：$\lambda = \dfrac{1}{A} \sum_i A_i \ln \dfrac{a_i}{\tan\beta_i}$ 为流域地形指数常数/均值。

　　上式表示用当地地形指数与其面平均的偏差、局部导水率（或传导率）与其面积分值的偏差、流域平均地下水位深度（或缺水量）与任一点的局部地下水位深度的偏差，它们之间的比例关系由参数 m 来确定。

　　在 TOPMODEL 模型中，假定土壤饱和导水率 T_0 在空间上相等，则土壤地形指数就变成地形指数，则上式最后一项可以消除，并稍作变化，则基本方程变为

$$\frac{\overline{SD} - SD_i}{m} = \ln \frac{a_i}{\tan\beta_i} - \lambda \qquad (8.1-14)$$

或

$$SD_i = \overline{SD} - m \left(\ln \frac{a_i}{\tan\beta_i} - \lambda \right) \qquad (8.1-15)$$

上式也称为地下水深度方程，某些地方也将上式表示为

$$z_i = \bar{z} - \frac{1}{f} \left(\ln \frac{a_i}{\tan\beta_i} - \lambda \right) \qquad (8.1-16)$$

z_i 为地下水水面距土壤表面的深度（或称缺水深），$\bar{z}$ 为饱和地下水距地表深度的平均值。由该式可以知道，流域内地形指数相等的任何两点其地下水深度 z_i 完全相同，因

此参数 $\ln \dfrac{a_i}{\tan\beta_i}$ 是一个表征水文相似性的指数。这样就没有必要进行空间每一点的计算，仅对不同地形指数进行计算即可。在大多数 TOPMODEL 应用中，地形指数分布函数离散化为许多表示适当的流域比例的增量，这些较大的地形指数的增量，将作为饱和或较小的缺水量来预报，每个增量的计算由非饱和计算部分来完成。

$SD_i \leqslant 0$ 的点即为源面积所在的位置，源面积上的点形成流域上饱和地表带，在这些面积上降雨将直接产生地表径流。同时可以看出，地形指数相同的点具有相同的水文响应。

TOPMODEL 主要通过流域土壤饱和亏缺量来确定源面积的大小和位置，而土壤饱和亏缺量（土壤缺水量）SD_i 的大小可由地形指数计算。任一点的土壤饱和亏缺量与流域平均土壤饱和亏缺量 $\overline{SD}$ 的差是由地形指数之差和导水率差两项构成的。且这种关系通过 m 缩放。给定一个 $\overline{SD}$，则式（8.1-14）可用地形指数的空间分布预测整个流域土壤饱和亏缺量的分布。上式也表明地形指数相同的点，其性质也完全相同。因此，流域空间点的具体位置不再重要，最重要的是该点的地形指数。

8.1.3 模型结构

TOPMODEL 模型把全流域按 DEM 网格分块，每一个网格称为一个水文单元，大的流域又可分成若干个子流域（或称为单元流域）。TOPMODEL 中假定地形指数相同的网格具有相同的水文响应，用"地形指数-面积分布函数"来描述水文特性的空间不均匀性，它表示了具有相同地形指值的流域的空间部分面积占全流域的比例。通常从 DEM 提取网格的地形指数，然后用统计方法计算出地形指数的面积分布函数。因此在模型计算中，首先按照地形指数分类，对每类地形指数对应的网格进行产汇流计算。网格内的产流计算包括非饱和层水分运动、饱和层水分运动和地面径流计算。根据地形指数所对应的面积比例，即可计算出某一类地形指数对应的所有网格的产流量。将每一类地形指数对应面积上的产流量进行累加，即可计算出时段内单元流域的产流量。计算出的地面径流和地下径流均视为在空间上相等，可通过等流时线方法进行汇流演算，求出单元流域出口处的流量过程。单元流域的计算流程图如图 8.1-4 所示。单元流域出口流量通过河道汇流演算得出流域总出口断面流量过程。河道演算多采用近似运动波的常波速洪水演算方法。

8.1.4 地形指数的计算

从 TOPMODEL 的模型结构来看，TOPMODEL 主要是利用地形指数 $\ln(\alpha/\tan\beta)$ 的水文相似性来模拟流域水文过程，模型认为在流域内具有相同地形指数的区域也就具有相同的水文响应，流域地形指数是 TOPMODEL 模型中分布式概念的主要反映，因此流域地形指数的计算也就成为 TOPMODEL 模拟的关键步骤。

实际计算过程中，TOPMODEL 输入的地形指数并不是流域所有位置的 $\ln(\alpha/\tan\beta)$ 值，而是对所有单个地形指数值进行统计后得到的流域地形指数分布函数，当然，得到流域地形指数分布函数的前提条件就是通过地形分析计算每个网格的上坡汇水面积 α 及坡度

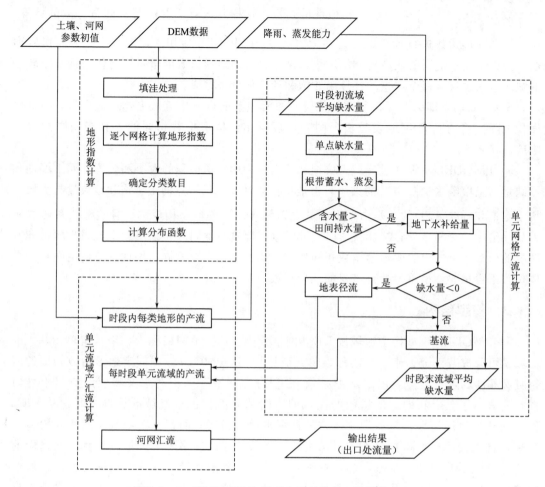

图 8.1－4 TOPMODEL 模型在单元流域上的计算流程

$\tan\beta$，最终得到整个流域内每个位置上的 $\ln(\alpha/\tan\beta)$ 离散值。1979 年，Beven 和 Kirkby 首次提出了将流域划分成子流域单元计算地形指数分布函数的计算机方法，每一个单元基于优势水流路径（由最陡坡度得出）离散成很多小"当地坡度"元素，对每种元素的下降边都进行 $\ln(\alpha/\tan\beta)$ 计算。之后，很多学者对这一问题进行了深入研究，针对地形指数，特别是其中的汇水面积计算提出了很多不同的方法。

目前，流域的地形指数一般都可以通过流域 DEM 数据，利用地形分析软件直接计算得到，而且随着地理信息系统技术的发展，已经有很多商业软件或者是免费软件嵌入了地形指数计算的功能，可以很方便地进行流域地形指数计算。

8.2 蒸散发计算

流域内任何一点处，蒸散发 E_a 发生在植被根系区，由下式给出：

$$E_{a,i} = E_p \left(1 - \frac{S_{rz,i}}{S_{r\max,i}}\right) \tag{8.2-1}$$

式中：$S_{rz,i}$、$S_{r\max,i}$ 分别为根系区含水量（蓄水量）和最大根系区含水量，均为长度单位；E_p 为蒸发能力。

8.3 产流计算

8.3.1 非饱和区——地下水的补给

目前对土壤中不饱和流动的数学描述还比较困难，通常采用经验函数。通常假定非饱和层中水分的流动是完全垂向的，即只考虑重力排水补给浅层地下水的那一部分水分运动，且利用非饱和层的排水通量表示。在早先的 TOPMODEL 模型中采用过两种形式，即土壤缺水是随时间变化的公式和以导水率为基础的公式。

根据缺水量意义表述，对于任一点 i 处的垂向水分通量函数形式可用缺水量表示为

$$q_v = \frac{S_{uz,i}}{SD_i t_d} \tag{8.3-1}$$

式中：$S_{uz,i}$ 为非饱和（重力排水）层的蓄水量，为长度单位；SD_i 为由于重力排水引起的局部饱和层缺水量，并依赖于局部地下水位；t_d 为时间常数，表示单位缺水量垂向水流平均滞留时间，量纲为 $[T/L]$。

式（8.3-1）是一个带有时间常数 $\{SD_i t_d\}$ 的线性蓄泄方程，且时间常数随着地下水埋深增加而增加，SD_i 可以认为等于地下水表面距流域地表深度 D_i。该函数形式没有物理意义，但它具有一定优点：可用于具有较低指数值地区（预报的地下水位距地面较低的地方）的较长滞留时间和较慢排水率，并且只引进一个参数值。现已发现该参数对模拟结果不是很敏感。

在任意时间进入地下水的通量均为 q_v，它是饱和层总补给的一部分，则在任一计算时段内，地下水的全部补给量为

$$Q_v = \sum_{i=1}^{n} q_{v,i} A_i \tag{8.3-2}$$

式中：A_i 为位置不同但地形指数值相同的面积之和（与地形指数分类有关的面积），为整个流域面积的一部分，根据地形指数在全流域的分布来确定。

8.3.2 饱和区——基流与坡面流

饱和含水带的出流作为基流（壤中流）给出。可以通过计算河流沿每一河道长度 l 流入到河道的表层水流的总和，采用分布式方法求出。

$$Q_b = \int_L q_i \, \mathrm{d}L = \sum_{j=1}^{m} l_i (T_0 \tan\beta_i) \mathrm{e}^{(-SD_i/m)} \tag{8.3-3}$$

SD_i 由式（8.1-10）代替，整理后得：

$$Q_b = \sum_{j=1}^{m} l_j a_j T_0 e^{(-\gamma - \overline{SD}/m)} \tag{8.3-4}$$

因为 a_j 表示产流面积的单位等高线，那么

$$\sum_{j=1}^{m} l_j a_j = A$$

代入上式，则得到

$$Q_b = A T_0 e^{-\gamma} e^{-\overline{SD}/m} \tag{8.3-5}$$

令

$$Q_0 = A T_0 e^{-\gamma}$$

则根据流域平均缺水量（$\overline{SD}$），可以计算基流（或壤中流）：

$$Q_b = Q_0 e^{-\overline{SD}/m} \tag{8.3-6}$$

式中：Q_0 为 $\overline{SD}=0$ 时的流量，$\overline{SD}$ 为平均缺水量，A 为流域总面积。

退水（假定补给量忽略不计）式（8.3-6）的解表明流量为时间或一阶双曲线关系的倒数：

$$\frac{1}{Q_b} = \frac{1}{Q_0} + \frac{1}{m} \tag{8.3-7}$$

因此，假如式（8.3-6）是一个用来表示给定流域表层流排水的适当关系，根据时间的 $1/Q_b$ 绘制的点据图应为一条坡度为 $1/m$ 的直线。那么，假设给定至少某些受蒸发或融雪过程影响不大的退水曲线，可以设置 m 值的率定下限。

饱和区域动态变化计算：减去非饱和区补给量并加上前一时段计算的基流，对每一时段前的流域平均缺水量进行更新，从而有

$$SD_t = = \overline{SD}_{t-1} + (Q_{b_{t-1}} - Q_{v_{t-1}}) \tag{8.3-8}$$

式中：SD_t、$\overline{SD}_{t-1}$ 分别为计算时段和上一时段的流域平均缺水量，$Q_{b_{t-1}}$ 为上一时段的壤中流 $Q_{v_{t-1}}$ 为上一时段从非饱和含水带补给的水量。

利用式（8.3-8）就可以连续计算饱和区域面积的动态变化。

初始平均饱和缺水量的确定方法如下（TOPMODEL 模型进行计算的初始条件）：

假设经过一段长时间干旱后，流域出流只有基流，初始流量记为 $Q_{t=0}$，则由式（8.3-8）可以求出 $t=0$ 时的 $\overline{SD}$ 值：

$$\overline{SD}_1 = -m \ln \frac{Q_{t=0}}{Q_0} \tag{8.3-9}$$

一旦初始平均饱和缺水量 $\overline{SD}_1$ 已知，由式（8.1-11）可计算局部初始缺水量。其他形式的导水率函数也可以用于推导不同形式的指数及退水曲线。Lamb 等（1997）说明了如何将任意的退水曲线用于 TOPMODEL 中。

当计算的饱和地下水距地表深度（平均饱和缺水量）$\overline{SD}$ 为负值（或 $\overline{SD} \leqslant 0$）时，代

表地下水抬升到地表，形成饱和坡面流，其计算公式为

$$Q_s = \frac{\sum_{i=1}^{n} a_i \mid SD_i \mid}{A} \qquad (8.3-10)$$

式中：A 为流域面积；a_i 为与 SD_i 相对应的饱和面积。

流域总的产流量 Q 为壤中流（基流）和饱和坡面流之和，即

$$Q = Q_s + Q_b \qquad (8.3-11)$$

8.4 汇流计算

对于许多流域，特别是大流域，假设所有径流在同一时刻到达流域出口断面时不合适的，在 Beven 和 Kirkby 在 TOPMODEL 结构中引入了地表径流滞时函数和河道演算函数，进行河网汇流演算。在考虑地表径流滞时现象时，给出了下面这个公式：

$$\sum_{i=1}^{N} \frac{x_i}{V \tan \beta_i} \qquad (8.4-1)$$

式中：N 为某点到达出口断面水流路径的总段数；x_i 为地表坡度 $\tan \beta_i$ 上所对应的长度；$\tan \beta_i$ 为 N 段水流路径中第 i 段的坡度；V 为速度参数，视为常数。

此公式代表了流域上任意一点到达流域出口断面所经历的时间。若给定一个 V 值，即可运用式（8.4-1）在任一集水面积上根据流域地形推导出唯一的滞时统计直方图。这一概念虽然与克拉克法的时间-面积曲线方法相类似，但能动态地表示径流滞时与源面积大小的关系。河道演算则采用河道平均洪峰波速的方法来考虑，使得与总出流呈非线性关系。这种方法显然是对运动波河道洪水演算的近似，但因为在计算中可能不稳定而不被推荐。很多实际运用中都采用简单的常波速洪水演算法。

在汇流计算时，如果将流域划分为若干个子流域（可按照自然流域划分法或泰森多边形法），则在每个子流域内将坡面流与壤中流同时刻相加得到总径流，并假定总径流在空间上相等，通过等流时线法进行汇流演算，求出子流域出口处的流量过程。

等流时线是一种经典的流域汇流曲线。它从物理角度解释了流域水文系统是一个有"忆滞"功能的系统，其降雨-径流关系可由卷积方程来表达。假设流域中水滴速度分布均匀，则其中任一水滴流到出口断面的时间仅取决于它到出口断面的距离。据此就可以绘制一组等流时线，见图 8.4-1，相邻两条等流时线之间的流域面积成为等流时面积。按等流时线的概念，瞬时降落在同一条等流时线上的水滴必将同时流到出口断面，而瞬时降落在等流时面积上的水滴将在两条相邻等流时线的时距内流出出口断面。

根据等流时线提取法将主河道分为 m 级进行汇流，如图 8.4-1 所示（$m=3$）。图中，$D(i)$ 为 i 级河道到达出口断面的最远距离；$ACH(i)$ 为 $D(i)$ 对应的流域面积占流域总面积的百分比。

假定坡面汇流和河道汇流的速度分别为 $CH\nu$ 和 $R\nu$。则坡面汇流时间 t_0 为

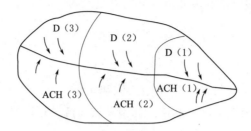

图 8.4-1 模型汇流示意图

$$t_0 = D(1)/R\nu \tag{8.4-2}$$

第 i 级河道的汇流时间 t_i，$i=1, \cdots, m$

$$t_i = t_0 + [D(i) - D(1)]/CH\nu \tag{8.4-3}$$

如此，流域汇流时间为 t_m；第 i 级河道径流的滞后时段为 $TCH(i) = t_i/dt$；当 t_0/dt 为整数时最先到达出口的径流滞后时段 $j_0 = \text{int}(t_0/dt)$，否则 $j_0 = \text{int}(t_0/dt) + 1$。当 t_m/dt 为整数时，最远点径流滞后时段 $n = \text{int}(t_m/dt)$，否则 $n = \text{int}(t_m/dt) + 1$。如果汇流时间多于计算时段（$t_m > dt$），在第 k 个时段产生的径流将在 $k+j_0 \sim k+n$ 时段内陆续到达出口断面。

假定第 k 时段流域的产流量 $Q^k = Q_f^k + Q_b^k$，它在 $k+j_0 \sim k+j (j = j_0+1, \cdots, n)$ 时段内，到达出口断面径流的比例 $A(j)$：

$$A(j) = ACH(i-1) + [ACH(i) - ACH(i-1)]$$
$$\cdot (j - TCH(i))/TCH(i) - TCh(i-1)(j < TCH(i))$$

第 $k+j$ 时段内，到达出口的径流比例为 $\Delta A(j) = A(j) - A(j-1)$，

则第 $k+j$ 时段时 k 时段的产流在流域出口形成的流量为

$$Q^{k+j} = Q^k \cdot \Delta A(j) \tag{8.4-4}$$

分别计算各时段产流量在流域出口形成的流量过程。在不考虑流域河槽的调蓄作用的情况下，将同时出现在出口的流量直接叠加，得到整个降水的模拟流量过程。

最后将子流域出口处的流量通过河道汇流演算至总流域出口处，再将各子流域的演算值进行同时刻叠加，从而得到总流域出口处的流量过程，河道演算采用近似运动波的常波速洪水演算方法，如马斯京根法。

8.5　模型参数

TOPMODEL 模型参数较少，主要包括产流参数、蒸发计算参数、汇流参数和反映流域特征的参数。TOPMODEL 模型所用的参数主要有 9 个。

1. 蒸发参数

T_d：重力排水的时间滞时参数，T/L；该参数相对不敏感，其范围一般在 1~1.5。

$SR_{\max}$：根系区最大蓄水能力或者田间持水量的通量，m；该参数主要决定蒸发量的大小，进而也影响了总径流深的大小，是一个影响产流量计算较为重要和敏感的参数。其

范围在 $0.01\sim0.03$ m，视流域的土壤类型及土地覆盖情况而定。

2. 产流参数

m：土壤下渗率呈指数衰减的速率参数，物理含义是非饱和区最大蓄水容量，m；该参数是决定饱和坡面流和壤中流比重的重要参数，并且是影响洪峰值大小的敏感性参数。一般来说，该参数值越大，洪峰值就越小，退水曲线越缓慢；反之，该参数值越小，洪峰值就越大，退水曲线相对越陡。其范围在 $0.01\sim0.1$ m。

T_o：假设流域上为均质土壤的情况下，土壤刚达到饱和时的有效下渗率的流域均值，m^2/h；与前面公式中用到的 T_o 有所区别。在实际工作中，很难通过实验获得点的 T_o 值，通常都假定整个流域上均匀分布，并通过模型率定其值。参数 S_{zm} 与 T_o 有相互作用关系，一般来说，S_{zm} 值大并结合一个相对小的 T_o 时，则增加土壤剖面的活跃深度，导致洪峰值偏小，退水曲线较缓慢；反之，S_{zm} 值小并结合一个相对大的 T_o 时，则减小土壤剖面的活跃深度，此时传导率有显著的延迟，从而导致洪峰值偏大，产生相对较陡的退水曲线。所以该参数也较为敏感，一般在 $5\sim10$。

SR_0：根带土壤饱和缺水量的初值（根系区初始含水量），m，与 SR_{max} 成比例；该参数对洪峰的影响较为敏感。

3. 汇流参数

R_v：地表坡面（河道汇流）汇流的有效速度，m/h；该参数主要对峰现时间的影响较为敏感。其值一般与 CH_v 对应成比例。

CH_v：假定线性汇流路径情况下，度量距离面积函数或者河网宽度函数的有效地表汇流速率（主河道汇流的有效速度），m/h。该参数主要决定了洪水过程线的形状，CH_v 越大，涨洪段偏大，峰现时间提前，落洪段偏小、偏陡，退率大。该参数主要根据流域平均坡度来经验率定。

k 和 x：马斯京根法演算参数。k 为蓄量流量关系曲线的坡度，可视为常数，一般来说 k 的取值与计算步长 Δt 相同，单位是 h。x 为调蓄系数，取值范围为小于 0.5。

NL：子流域出口断面距总流域出口断面的河段数。

主 要 参 考 文 献

[1] 黄平，赵吉国. 流域分布型水文数字模型的研究及应用前景展望 [J]. 水文，1997，17（5）：5-10.

[2] 黄晴，张万昌. 改进型 TOPMODEL 在不同尺度和气候条件流域上的适用性研究 [J]. 水土保持通报，2008，28（5）：48-54.

[3] 孔凡哲，芮孝芳. TOPMODEL 中地形指数计算方法的探讨 [J]. 水科学进展，2003，14（1）.

[4] 李抗彬，沈冰，宋孝玉，等. TOPMODEL 模型在半湿润地区径流模拟分析中的应用及改进 [J]. 水利学报，2015，46（12）：1453-1459.

[5] 芮孝芳，朱庆平. 分布式流域水文模型研究中的几个问题 [J]. 水利水电科技进展，2002，22（3）：56-70.

［6］ 熊立华，郭生练．分布式流域水文模型［M］．北京：中国水利水电出版社，2004．

［7］ 徐宗学．水文模型［M］．北京：科学出版社，2017．

［8］ 姚亦周．基于 TOPMODEL 模型的清河水库洪水预报研究［D］．大连：大连理工大学，2016．

［9］ 张建云，李纪生，等．水文学手册［M］．北京：科学出版社，2002：183－185．

［10］ 左其亭，王中根．现代水文学［M］．郑州：黄河水利出版社，2002．

［11］ Beven K J，Kirkby M J．A physically based，variable contributing area model of hydrology［N］．Hydrological Sciences Bulletin，1979，24（1）：43－69．

［12］ Beven K J，LamB R，Quinn P，et al．TOPMODEL［A］//Computer Models of Watershed Hydrology［C］．Colorado：Water Resources Publications，1995：627－668．

［13］ Beven K J．TOPMODEL：a critique［J］．Hydrology Process，1997，11（9）：1069－1086．

［14］ Beven K J，Kirkby M J．A physically based，variable contributing area model of basin hydrology/Un modèle à base physique de zone d'appel variable de l'hydrologie du bassin versant［N］．Hydrological Sciences Bulletin，1979，24（1）：43－69．

［15］ Bowles D S，O'Connell P E．Recent advances in the modeling of hydrologic systems［M］．Netherland：Kluwer Academic Publishers，1991．

［16］ Saulnier G M，Beven K J，Obled C H．Including spatially variable soil depths in TOPMODEL［J］．Hydrology，1998，202：158－172．

［17］ Singh V P．Computer models of watershed hydrology［M］．Colorado：Water Resources Publications，1995．

9 BTOPMC 模 型

BTOPMC（Block-wise use of TOPMODEL with Muskingum-Cunge method）模型是一个基于物理机制的分布式流域水文模型，最初由敖天其在日本山梨大学（University of Yamanashi）留学期间，在 TOPMODEL 基础上面向大流域的分布式水文模拟而开发。BTOPMC 产流子模型以 TOPMODEL 为基础，在河网技术、自然子流域划分、产汇流模型参数以网格为单位的空间分布给定方法、汇流精度等影响方面取得了一些研究成果。BTOPMC 模型具有需要率定的参数个数少且全部具有物理意义等显著优点。

9.1 模型基本原理与结构

BTOPMC 的模型结构如图 9.1-1 所示，包括地形子模型、产流子模型和汇流子模型。其中地形子模型采用 pfafatetter 方法，产流子模型采用 TOPMODEL 模型的产流子模型，汇流子模型采用马斯京根-康奇法（Muskingum-Cunge）。

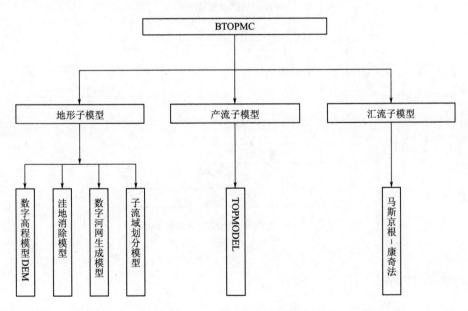

图 9.1-1　BTOPMC 模型结构图

BTOPMC 模型计算流程图如图 9.1-2 所示。

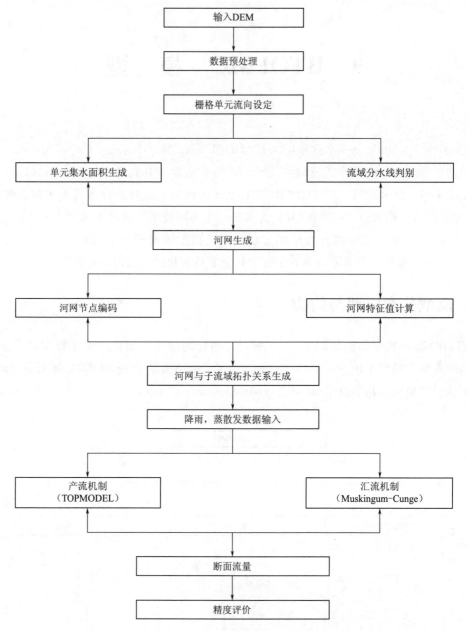

图 9.1-2　BTOPMC 模型计算流程图

9.2　产流计算

BTOPMC 模型的产流子模型来源于 TOPMODEL 模型。BTOPMC 模型之所以能够实现在大型流域的应用，主要是因为对模型参数的取值方式进行了改进，这一过程经历了 2 个阶段：第 1 阶段是将 TOPMODEL 模型进行分块使用（Block-wise use of TOPMOD-

EL and Muskingum – Cunge method）以实现在大流域应用的可能性；第 2 阶段是将划分子流域的 Pfafatetter 方法引入 BTOPMC 模型中，参数的取值方式考虑流域土壤、植被及地形等的物理特性。

9.2.1　分块使用思想

TOPMODEL 分块使用的基本想法是将初始的 TOPMODEL 运用于流域的不同相关同类的若干块上（图 9.2 - 1）。研究流域被划分成为若干块的部分，而块的大小依赖于流域的范围，还有地形和地表的异质性。控制块的大小是在参数可以被 GIS 信息识别的一个部分。基于流域的划分，模型参数由每一部分率定而非整个流域，并且平均的土壤地形指标也是在每一个部分上校正。

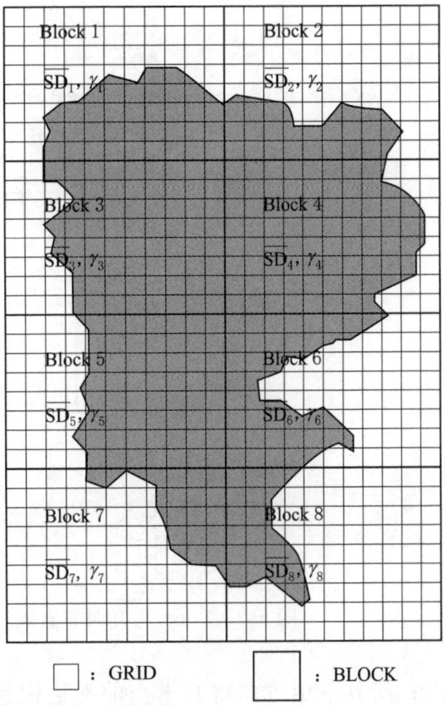

9.2.2　土壤地形指标

在 TOPMODEL 中，土壤地形指标被用作

图 9.2 - 1　大流域分块示意图

源区域，过饱和地表流和壤中流预报的一个基础。在一个流域中任何一点的指标计算都需要整个坡面的面积值，有效单位长度的流量，地表坡度和模型参数 T_o。当其中一个参与基于网格的水文模型中时，有效单位长度依赖于水流方向和 DEM 网格的大小。整个坡面的面积和地表坡度可以从流域的 DEM 网格产生的河网中获得。然而，坡面面积和地面坡度被分配河道方向的不同方法所影响。因而，计算土壤-地形指标的方法不是唯一的。当前，两种算法可用以确定土壤地形指标：一种是单一流向算法，另外的一种是复合流向算法。

在块使用 TOPMODEL 的情况下，在块 NB 中一个网格 i；网格上积累的上坡区域是 N_i 象素；DEM 的网格大小是 $\mathrm{d}x\mathrm{d}y$（图 9.2 - 2）。这两种算法描述如下：

（1）单一流向算法。按单一的流向算法，进入每一个网格的水通过大坡度或者最小高程只流向周围八个方向中的一个，不考虑流量的划分。

$$\gamma_i = \ln \frac{N_i \cdot \mathrm{d}x \cdot \mathrm{d}y}{L_i T_o(NB)\tan\beta_i} \tag{9.2-1}$$

式中：$T_o(NB)$ 为块 NB 的饱和土壤横向导水率；$\tan\beta_i$ 为这个格网的坡度，其值是相邻的两网格高程差与水平距离之比；L_i 为依赖于流向的有效长度，并且给出：

$$L_i = \begin{cases} \mathrm{d}x & \text{垂直流向（2 和 6）} \\ \mathrm{d}y & \text{水平流向（4 和 8）} \\ \sqrt{\mathrm{d}x^2 + \mathrm{d}y^2}/2 & \text{对角线流向（1,3,5 和 7）} \end{cases} \tag{9.2-2}$$

（2）复合流向算法。复合的流向算法允许在一个网格中的水流动到所有其周围的下山

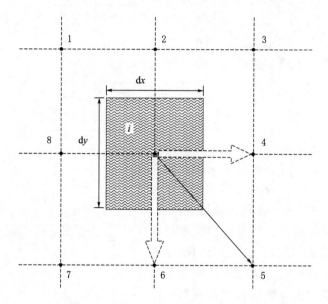

图 9.2-2 水流方向和有效等高线长度的关系用于土壤地形指标计算

方向；所有下山方向将共享当前网格积累的坡面面积。每一下山方向分享河道面积被假定与河道坡度和每一下山水流路径的有效长度成正比，即

$$\Delta A_d = \frac{L_d \tan\beta_d}{\sum\limits_{j=1}^{D} L_j \tan\beta_i}(N_i \mathrm{d}x \mathrm{d}y) \tag{9.2-3}$$

式中：D 为全部下山方向的总数量；$\Delta A_d (d=1,2,\cdots,D;D=8)$为通过第 d 个下山方向上的面积；$\tan\beta_i$ 为第 j 个下山方向的地面坡度；L_j 为第 j 个方向的有效长度，记为

$$L_j = \begin{cases} 0.5\mathrm{d}x & \text{垂直流向}(2\text{ 和 }6) \\ 0.5\mathrm{d}y & \text{水平流向}(4\text{ 和 }8) \\ \sqrt{\mathrm{d}x^2 + \mathrm{d}y^2}/4 & \text{对角线流向}(1,3,5\text{ 和 }7) \end{cases} \tag{9.2-4}$$

为了计算栅 i 的土壤地形指标，假定任何一个网格中最具有代表本地的坡角是所有下山方向的坡度的一个权重平均值：

$$\tan\beta_i = \sum_{j=1}^{D}(L_j \tan\beta_j) / \sum_{j=1}^{D} L_j \tag{9.2-5}$$

进而，每个单位长度上的坡面面积 a_i 被计算为

$$a_i = (N_i \cdot \mathrm{d}x \cdot \mathrm{d}y) / \sum_{j=1}^{D} L_j \tag{9.2-6}$$

那么，网格 i 的土壤地形指标将被表达为

$$\gamma_i = \ln \frac{N_i \cdot \mathrm{d}x \cdot \mathrm{d}y}{T_0(NB) \sum\limits_{j=1}^{D} L_j \tan\beta_j} \tag{9.2-7}$$

9.2.3 块平均饱和差

在 TOPMODEL 块使用中，平均饱和差 $\overline{SD}$ 是在每一个块中计算而非整个流域；它表示可供进一步补给的不饱和空间。在长度（单位面积上的体积）单元中在每个时间段 t 中连续计算的表达式为

$$\overline{SD}(t+1,NB) = \overline{SD}(t,NB) - \frac{\sum_{i=1}^{N_p(NB)} q_v(t,i)}{N_p(NB)} + \frac{\sum_{i=1}^{N_p(NB)} q_b(t,i)}{N_p(NB)} \qquad (9.2-8)$$

式中：NB 为块的编号；$N_p(NB)$ 为在块 NB 中全部网格的总数；$q_v(i,t)$ 为从块中网格 i 的不饱和地区到地下水的入流；$q_b(i,t)$ 为从象元 i 流向河流的地下水，后两个变量有长度单元，比如米（单位面积上的体积）。程序开始计算时，$\overline{SD}(1,NB)$ 无法得到，但可以给出一个初始的 $\overline{SD}(0,NB)$ 值，该值作为一个模型参数 S_{bar0} 给出。$\overline{SD}(1,NB)$ 也可以通过流域以前的计算经验确定。平均饱和差将随着净地下水补给的增加而减少，反之亦然。

9.2.4 网格中的水文过程

TOPMODEL 模型的栅格单元在垂向上分为根系区、非饱和区和饱和区 3 层，栅格单元流量由坡面流（地表流）q_{of} 和基流（壤中流）q_b 构成（图 9.2-3）。

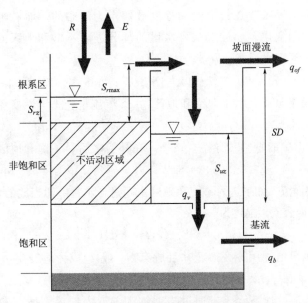

图 9.2-3 单个网格的 TOPMODEL 结构

当地的饱和差 SD_i。在分块使用的 TOPMODEL 中，SD_i 由下式计算：

$$SD(i,t) = \overline{SD}(t,NB) + m(NB)[\overline{\gamma}(NB) - \gamma_i] \qquad (9.2-9)$$

式中：i 和 NB 分别为网格号和块号；t 为时间步长；$m(NB)$ 为块 NB 的一个模型参数，

即关于饱和差的饱和土壤导水率 T_o 的衰减因子；γ_i 为网格 i 的土壤地形指标。

（1）降雨和蒸散发：在流域上降雨的空间分布是用泰森多边形法近似得到的，即在任何时间步长中，任何网格的最邻近雨量器的降雨量会被给出。对于每一个网格来说，实际的蒸散发 E_a 是用蒸散发能力 E_p 和根区含水量或者不饱和地区含水量表示：

$$E_a(i,t) = \min[E_p(i,t), S_{rz}(i,t-1) + R(i,t) + S_{uz}(i,t-1)] \quad (9.2-10)$$

式中：R 为降雨；S_{rz} 为根系区含水量，m；S_{uz} 为不饱和地区含水量，m；E_p 为为了长期枯水流量模拟而使用的月蒸散发或者用与洪水模拟的每小时蒸散发。用蒸发皿确定或者用各种方法估计得到的蒸散发值，用于去确定 E_p 的近似时间分布。这方程表示着根区和不饱和地区对为蒸散发提水有责任的。如果根系区被耗尽，那么不饱和地区将予以考虑；如果他们两个都被耗尽，在相应时间步长中网格的实际蒸散发将是 0。

（2）根系区：网格上的降雨首先被植被截流、洼地存储和低于饱和含水量的初始土壤含水量的根系区。根层最大储水量用 $S_{r\max}$ 表示，它是每块单位长度（比如米）的一个模型参数，并非对于整个流域。直到 $S_{r\max}$ 蓄满，水才能在重力作用下渗透到不饱和地区。根层储水量 $S_{rz}(i,t)$ 随时间变化可表示为

$$S_{rz}(i,t) = \{S_{rz}(i,t-1) + R(i,t) - E_a(i,t)\}^+ \quad (9.2-11)$$

式中：R 为降雨；E_a 为实际的蒸散发；$\{\cdot\}^+$ 表示的是 $\{\cdot\}$ 的值是非负的，如果是负值则赋为 0。

（3）非饱和区：地下水的补给。任何网格的不饱和区在水平方向上被划分成为两个部分。左半边是"不活动区域"在其中湿润程度被假定为静态的，而右半边是"活跃区域"在其中湿润程度随时间变化。超过根层含水量的部分进入不饱和地区的"活跃区域"，并且最初增加不饱和地区含水量 S_{uz} 为

$$S_{uz}(i,t) = S_{uz}(i,t-1) + \{S_{rz}(i,t) - S_{r\max}(NB,t)\}^+ \quad (9.2-12)$$

水从不饱和地区流向地下水（即饱和地区），下渗流量受土壤性质和当地饱和差控制：

$$q_v = \min\{K_0(NB)e^{-SD(i,t)/m(NB)}, S_{uz}(i,t)\} \quad (9.2-13)$$

式中：K_0 为在地面土壤的垂直传导率，m/h。在补给之后，不饱和地区含水量 S_{uz} 为

$$S_{uz(i,t)} = S_{uz}(i,t) - q_v(i,t) \quad (9.2-14)$$

（4）饱和区：坡面流。如果进入不饱和地区水超过含水量［即当地的含量差，$SD(i,t)$］，那么超过的部分成为地表流，描述为

$$q_{of}(i,t) = \{S_{uz}(i,t) - SD(i,t)\}^+ \quad (9.2-15)$$

如果 $SD(i,t)$ 是负值，用零替换它并且所有 $S_{uz}(i,t)$ 成为地表流，变量被修改为

$$S_{uz}(i,t) = \{S_{uz}(i,t) - q_{of}(i,t) - q_v(i,t)\}^+ \quad (9.2-16)$$

（5）饱和区：基流。地下水流量通过当地饱和差，当地地面坡度和有关块的下渗率，T_0 和 m 参数决定的：

$$q_b(i,t) = T_0(NB)e^{-SD(i,t)/m(NB)}\tan\beta_i \quad (9.2-17)$$

$q_{of}(i,t)$ 和 $q_b(i,t)$ 都是以当地饱和差 $SD(i,t)$ 为基础。降雨通过 S_{uz} 和下一时间的饱和差影响流量。流域总的产流量 Q 为基流和饱和坡面流之和。

9.3 汇流计算

BTOPMC 的汇流演算选择马斯京根–康奇（Muskingum–Cunge，M–C）方法。针对可能出现负出流的问题，利用近似处理方法和时空步长实时调节方法解决 Muskingum–Cunge 汇流方法中的负出流问题。

9.3.1 汇流模型的选择

BTOPMC 模型选择马斯京根–康奇汇流法作为汇流子模型。马斯京根–康奇法是康奇基于马斯京根法发展得到的，等同于扩散类推，其能够预报水文线图衰减。马斯京根–康奇法由于具有水力学基础，计算简单，并且易于编码。

9.3.2 Muskingum–Cunge 汇流演算

9.3.2.1 Muskingum–Cunge 控制方程

马斯京根–康奇法的控制方程同马斯京根汇流方程一样，不同点在于估计汇流参数的方法。

马斯京根汇流方程是 1934—1935 年由 McCathy 提出的。将河道看作如图 9.3–1 所示。对于时间步长 t，在上游末端的入流是 $I(t)$，在河道末端的出流是 $Q(t)$，时间间隔 $\mathrm{d}t$ 的蓄水量是 S。

水量守恒的原理表示为

$$I(t) - O(t) = \frac{\mathrm{d}S}{\mathrm{d}t} \qquad (9.3-1)$$

假设一个变量的流量～蓄量方程：

$$S = KO + KX(I-O) = K[XI + (1-X)O] \qquad (9.3-2)$$

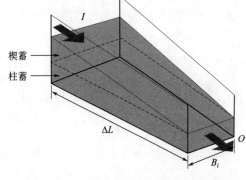

图 9.3–1 马斯京根法中的楔蓄量和柱蓄量

式中：KO 为柱蓄量；K 为蓄量系数；$KX(I-O)$ 为楔蓄量；X 为流量权重因素，其值在 $0\sim0.5$ 之间。如图 9.3–1 所示，平行于河底的平面以下的槽蓄量称为柱蓄；在此平面和实际水面之间的槽蓄量称为楔蓄。

式（9.3–1）中单位时间蓄水变化量表示如下：

$$\frac{\mathrm{d}S}{\mathrm{d}t} = \frac{S(t) - S(t-1)}{\Delta t}$$

$$= \frac{K\{[XI(t) + (1-X)O(t)] - [XI(t-1) + (1-X)O(t-1)]\}}{\Delta t} \qquad (9.3-3)$$

将式（9.3–3）代入式（9.3–1）中得到马斯京根–康奇方法的控制方程如下：

$$O(t) = C_1 I(t) + C_2 I(t-1) + C_3 O(t-1) \qquad (9.3-4)$$

其中

$$C_1 = \frac{\Delta t - 2KX}{2K(1-X) + \Delta t} \qquad (9.3-5)$$

$$C_2 = \frac{\Delta t + 2KX}{2K(1-X) + \Delta t} \qquad (9.3-6)$$

$$C_3 = \frac{2K(1-X) - \Delta t}{2K(1-X) + \Delta t} \qquad (9.3-7)$$

且 $C_1 + C_2 + C_3 = 1$。

在马斯京根方法中，汇流参数 K 和 X 能通过各种方法如试错法由观测入流和出流的水文曲线率定。变量 K 和 X 控制为常量，既没有考虑河道的物理特性，也没有考虑流量的时间和空间的分布。

马斯京根-康奇方法是马斯京根法的改进。康奇论证了式（9.3-4）等同于第一运动波方程的有限差表示法和说明波衰减而不是回水的对流扩散模型。式（9.3-5）～式（9.3-7）中汇流参数 K 和 X 如下计算：

$$K = \Delta L / \omega \qquad (9.3-8)$$

$$X = 0.5\left(1 - \frac{\mu}{\omega \Delta L}\right) = 0.5\left(1 - \frac{L_c}{\Delta L}\right) \qquad (9.3-9)$$

式中：K 为时间尺度的储量常数；X 为表示入流量和出流量的比重因素；ΔL 为河道的长度；μ 和 ω 分别为运动波方程的运动波速和扩散系数；$L_c = \mu / \omega$ 为汇流河道的特征长度。

用曼宁方程，得到下面的方程：

$$\omega = \frac{5}{3} q^{\frac{2}{5}} i^{\frac{3}{10}} n^{-\frac{3}{5}} \quad \mu = \frac{h^{5/3}}{2n\sqrt{i}} \quad h = \frac{(nq)^{3/5}}{i^{3/10}} \qquad (9.3-10)$$

式中：q 为单宽流量；i 为汇流河段的坡度；n 和 h 分别为曼宁糙率系数和水深。

将式（9.3-10）代入式（9.3-8）和式（9.3-9），汇流参数 K 和 X 可以表示成

$$K = \frac{0.6 n^{0.6} \Delta L}{q^{0.4} S_0^{0.3}} \qquad (9.3-11)$$

$$X = 0.5 - \frac{0.3(nq)^{0.6}}{S_0^{1.3} \Delta L} \qquad (9.3-12)$$

这两个方程说明在马斯京根-康奇方法中，K 和 X 的值直接依赖于流量和汇流河道的物理特性。因此，他们在河网中不是常量，但是按照时间和空间分布的，且 X 和式（9.3-5)中的 C_1 可能是负值，这不同于传统的马斯京根方法。

9.3.2.2 河段曼宁糙率

如式（9.3-11）和式（9.3-12）所示，马斯京根-康奇法的输入数据包括曼宁糙率系数 n，即河道水流的摩擦阻力。曼宁糙率 n 随流量大小和其他因素而变化，且其值的估计应该反映出河滩与河床的材料、河道结构、河岸的不规则性，以及尤其是植被覆盖情况。这就是说，曼宁糙率 n 在天然河道网中应该是时空各异的。

通常来说，水力汇流模型对于曼宁糙率 n 非常敏感。用历史观测水位和流量能率定出最佳结果；然而，在分布式模型中，这是不实际的，且通常不能率定。因为模型对于每一个河道，都极其缺乏流量数据。由于这些限制，传统上对于大尺度地区曼宁糙率 n 定为一个常数。

在 BTOPMC 中，基于考虑到地形坡度越陡，水流阻力越大，提出一个近似方程来估计每个河道（每个网格的排水线）的曼宁糙率 n，如下：

$$n = n_0 \left(\frac{\tan\beta_i}{\tan\beta_0} \right)^{1/3} \tag{9.3-13}$$

式中：β_i 为网格 i 的表面坡度（当地排水斜坡）；β_0 为 i 网格所在子流域的表面坡度平均值。

在这个方程中，只有每个子流域的平均曼宁糙率 $n(n_0)$ 需要率定；然而，一个流域汇流网中所有的汇流河道都有自己对应每个排水坡的值。

9.3.2.3 河段宽度估计

在水力学或分布式汇流模型中，需要沿河道上的断面的几何形状及大小来计算相关的水力学变量。例如，在马斯京根-康奇法中，式（9.3-11）和式（9.3-12）需要断面宽度来计算单宽流量 q。

由于天然河流断面的几何形状通常是不规则的，且随空间和水位呈非线性变化的，这就不可能给出一个精确的数学表达式来计算断面形状和宽度。然而，为了提供对包含河道汇流有效的容量，基本上代表性地区应该随着断面排水区域的增加而增加。

在本模型中，假设计算排水网的断面是矩形的，在每个网格点河道宽度 B 为

$$B = \alpha A^c \tag{9.3-14}$$

式中：A 为网格点控制的排水区域面积（km^2）；$\alpha=10$，$c=0.5$，为常量。

9.3.2.4 汇流顺序

在基于网格的分布式水文模型中，排水网汇流的完成由从数字高程模型 DEM 网格得到。每一网格的排水线被定义为一个汇流河道，其长度随排水方向和网格尺寸而改变。河道的入流是此处的降水加从周围的网格流入的流量总和，上游河道的出流由邻近的下游河道的部分入流组成。因此，在任意时间步长，汇流顺序应该从上游河道到他们邻近的下游段连续发生的。

在 BTOPMC 中，为了节省计算时间，所有 DEM 的网格号码都继续重新排列，从最小到最大的排水区。汇流次序作为一个输入数据文件以便反复使用。

9.3.3 解决负出流的实时方法

9.3.3.1 Muskingum-Cunge 方法的精度标准

在马斯京根-康奇法中，当选择的时间和空间步长不合适时会出现负出流。这是不切合实际物理现象的，所以对于马斯京根-康奇法最基本的精度标准就是确定出流不是负的。

9.3.3.2 精度影响因素

在方程（9.3-4）中，入流 $I(t)$，$I(t-1)$ 和出流 $O(t-1)$ 是绝对正的，由式（9.3-5）~式（9.3-7）计算出的汇流系数 C_1、C_2 和 C_3 却可能是负的。一旦 C_1、C_2 和 C_3 是负的，当前时间步长 $O(t)$ 的出流可能成为负的。因此，为了保持基本精度，需要始终保持 C_1、C_2 和 C_3 是非负的。

将式（9.3-11）和式（9.3-12）代入式（9.3-6）和式（9.3-7），C_2 和 C_3 的方程可表示成有 5 个变量的函数：

$$C_f = F[\Delta t, \Delta L, i, n, q] \quad (f = 1, 2, 3) \tag{9.3-15}$$

9.3.3.3 时间和空间步长对精度的影响

基于以上分析，一个绝对稳定的条件就是假设保持基本精度（没有负出流），即

$$C_f \geqslant 0 \quad (f = 1, 2, 3) \tag{9.3-16}$$

式中：$C_f(f = 1, 2, 3)$ 为汇流系数，由式（9.3-5）～式（9.3-7）表示。

从这个条件，如图 9.3-2 所示，得到基本精度与时间步长（Δt）和空间步长（ΔL）组合的关系。

在图 9.3-2 中，$\Delta t - \Delta L$ 投影被 4 条线分为 5 个区域。线段 ae，由方程（9.3-9）控制，意思是 $\Delta L = L_c$ 或汇流参数 $X = 0$。线段 ad，ab 和 dc 分别来自汇流系数 $C_f = 0$（$f = 1, 2, 3$）；且 Of 是区域 $abcd$ 的中心。Ⅰ区（$baec$）和Ⅲ区（ade）被定义为绝对稳定区域，汇流系数 C_1，C_2 和 C_3 在这两个区域中是正的，负出流是不可能出现的。这两个区域的不同点在于式（9.3-9）中汇流参数 X 的表示，在Ⅲ区中是负的，但在Ⅰ区中是正的。同样的，Ⅱ，Ⅳ和Ⅴ区称为危险区域，因为在这些区域里，汇流系数 C_1，C_2 和 C_3 是负的，且随后计算的出流也可能是负的。出流是负的 Δt 和 ΔL 之间的联系称为稳定组合。

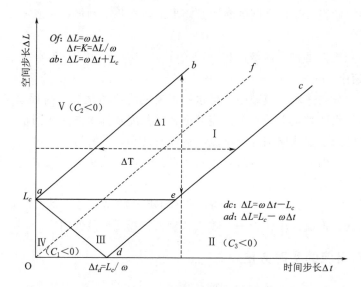

图 9.3-2 马斯京根-康奇法中时间和空间步长的稳定组合

从图 9.3-2 中可以得出以下结论：

（1）马斯京根-康奇法的基本精度（无负出流准则）在极大程度上取决于 Δt 和 ΔL 的组合。这就是说，一个不合适的组合可能会导致负出流。然而不现实的负出流能够通过选择适合的 Δt 和 ΔL 组合来避免，即运用稳定组合，就能保持基本精度。

（2）有两个方法得到稳定组合。一是增大 Δt 或 ΔL。例如，当组合位于危险区域Ⅱ区，增加 ΔL 就能将组合移至绝对稳定区域Ⅰ或Ⅲ。然而，在分布式水文模型中，由于 Δt 通常与观测降水的时间间隔融合，这个方法用于实际中并不是很方便。一个更实际的方法就是减小 ΔL 或 Δt 以得到稳定组合。

（3）当马斯京根-康奇法用于水文模拟时，需要实时调整 Δt 或 ΔL。这是因为通过式（9.3-10)计算的 μ 和 ω 值随时间和空间变化，引起了图9.3-2中5个区域相对范围的时间和空间的不同。结果，对于任意时间步长和汇流河道一个不变的稳定组合并不存在。即，对于任何流域或汇流河网，任何 Δt 和 ΔL 组合都不可能保持基本精度。对于一个流域或甚至一个汇流河段，预先确定一个稳定组合是不可能的。

（4）调整 Δt 和 ΔL 范围会影响汇流精度和计算时间。如果 Δt 和 ΔL 组合在中线 Of 上，即 $\Delta t=K=\Delta L/\omega$（洪水波传播时间），精度就会高一些，但是计算时间会增加。如果组合位于绝对稳定区域但不在 Of 上，计算时间就能够缩短，虽然能保持基本精度，但是精度会降低。最后，如果组合位于这3个危险区域，虽然可能能够得到基本精度，但精度也会减弱。

（5）Δt 和 ΔL 的量级是没有上限的，因为在图9.3-2中绝对稳定区域Ⅰ没有上边界。相反的，ΔL 存在3个上限，能够用相对较大的 Δt 和 ΔL，这对于大流域的汇流是很有意义的。另一方面，由于3个危险区域的存在，"传统关系上的 Δt 与 ΔL 越小，精度越高"这种看法就不确切了。因此，在实际应用中，时间和空间步长的合理性选择应该由他们的组合（稳定与否）来评价，而不是他们自身的值。

9.3.3.4　时间和空间步长的实时调整

上述的理论分析表明马斯京根-康奇法的负出流是由于负的汇流系数 C_1、C_2 或 C_3 引起的，而负的汇流系数又是由于不合适的时间步长 Δt 与空间步长 ΔL 的组合得到的。保证基本精度（无负出流）的实际方法是对由 DEM 得到的排水网汇流减小 Δt 或 ΔL。

为了使马斯京根-康奇法用于分布式水文模型，可以采用多步、多段法。其基本思想是总是使 $\Delta L=\omega\Delta t$，甚至当出流是非负时，即使出现减小时间效率的单方面影响。可以通过实时调整法来保持基本精度。在这个方法中，只有当负出流出现时，才减小 Δt 或 ΔL；稳定组合并不限制在图9.3-2中线段 Of 的中心来降低调整的时间。汇流参数 X 的值限定在 $0\sim0.5$ 范围内，汇流系数 C_1 是非负的，因此，只需要考虑负的 C_2 和 C_3，可使得计算时间缩短。

实时调整法由下列3个步骤完成：

（1）确定当前汇流河道和汇流时间负出流是否会出现。如果不出现，不调整 Δt 和 ΔL，继续下一河段的汇流计算。否则，调整由负的 C_2 或 C_3（C_2 或 C_3 可能不会同时是负的）得到的负出流。

（2）如果 C_2 是负的，Δt 与 ΔL 组合就位于危险区域Ⅴ，这意味着当前空间间隔 ΔL 太长了。当前汇流河段应该分为 N_1 个长度为 $\Delta L'$ 的子河段，计算如下：

$$\Delta L'=\frac{\Delta L}{N_1} \tag{9.3-17}$$

式中，N_1 为 $[(\omega\Delta t)^{1.67}+2]$ 的整数部分，由数值试验确定的。

子河段在当前时间步长 t 的出流 $Q_j(t)$ 由下式计算：

$$O_j(t)=C_1'I_j(t)+C_2'I_j(t-1)+C_3'I_j(t-1) \tag{9.3-18}$$

其中，入流 $I_j(t-1)$ 和出流 $Q_j(t-1)$ 的值是由已知的 $I(t-1)$ 和 $O(t-1)$ 线性插值得到的，如图9.3-3所示，$I_j(t)=O_{j-1}(t)$，但对于 $j=1$，$I_1(t)=I(t)$。

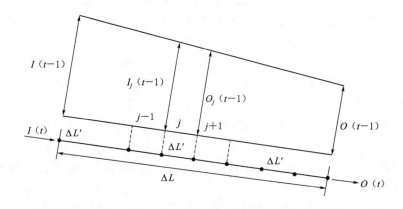

图 9.3-3 汇流河道的划分及子河段入流与出流的线性插值

(3) 如果负出流 $O(t)$ 是由于负的 C_3，表示 Δt 与 ΔL 组合位于危险区域 II，即时间间隔 Δt 太长了，当前的 Δt 被分为 N_2 个子时间步长。新的时间间隔就是：

$$\Delta t' = \frac{\Delta t}{N_2} \qquad (9.3-19)$$

式中：N_2 为（$\Delta t/K + 3$）的整数部分，由数值试验得到。

如图 9.3-4 所示，对于当前时间步长 t 的每一个子时间步长 $k(k=1,2,\cdots,N_2)$，当前河道的入流 $I(k-1)$ 和 $I(k)$ 由已知 $I(t-1)$ 和 $I(t)$ 线性插值得到。

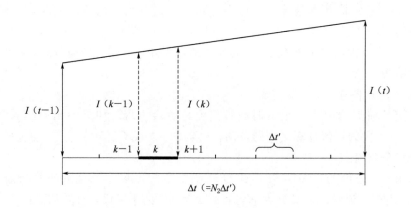

图 9.3-4 时间间隔 Δt 的划分

将新的插出值和 $\Delta t'$ 代入以上描述的相关汇流方程中，汇流参数、系数和当前河道在每一子时间步长的出流就能够计算了。由最后的子时间步长得到的出流就是当前河段时间步长 t 的汇流结果。运用实时调整，马斯京根-康奇法的负出流在任意时间步长或断面（网格点）都能够避免，不论所选时间步长和空间步长的原始大小是多少。

9.4　模型参数

BTOPMC 模型需要率定的参数个数少，且全部具有物理意义。目前主要有 5 个参数：饱和土壤导水率 T_o，m^2/s；饱和土壤导水率的衰减因子 m，m；$S_{r\max}$ 为根层最大储水量，m；平均土壤饱和差初始值 S_{bar0}，m；曼宁糙率系数 n_0。其中 $S_{r\max}$ 主要反映植被/土地利用的影响，T_o 和 m 反映流域土壤种类的影响，S_{bar0} 主要反映流域地形的影响，n_0 同时反映土壤种类和植被/土地利用的影响。

主　要　参　考　文　献

［1］　冯威．分布式水文物理模型 BTOPMC 参数的不确定性分析 ［D］. 成都：四川大学，2008.

［2］　李相虎，任立良．基于 BTOPMC 模型的 NDVI 分辨率影响研究 ［J］. 水利学报，2007，10（增刊）：383 - 387，403.

［3］　芮孝芳．Muskingum 法及其分段连续演算的若干理论探讨 ［J］. 水科学进展，2002（6）：682 - 688.

［4］　吴玲玲．分布式水文物理模型 BTOPMC 中水库影响分析子模型的开发 ［D］. 成都：四川大学，2008.

［5］　谢珊．分布式水文模型 BTOPMC 参数与湄公河流域物理特性的关系研究 ［D］. 成都：四川大学，2006.

［6］　许钦，任立良，杨邦，等．BTOPMC 模型与新安江模型在史河上游的应用比较研究 ［J］. 水文，2008，28（2），23 - 25.

［7］　周买春，肖红玉，胡月明，等．BTOPMC/SCAU 分布式流域水文模型原理和系统设计 ［J］. 农业工程学报，2015，31（20）：132 - 13.

［8］　Ao Tianqi，Junichi Yoshitani，Kuniyoshi Takeuchi，et al. Development and application of a new algorithm for automated pits removal for grid DEMs ［J］. Hydrological Sciences Journal，2003，48（6）：985 - 997.

［9］　Ao Tianqi. Development of a distributed hydrological model for large river basins and its application to Southeast Asian rivers ［D］. Kofu：Yamanashi University，2000.

［10］　Ao T Q，Takeuchi K，Ishidaira H. On problems and solutions of the Muskingum - Cunge routing method applied to a distributed rainfall runoff model（in Japanese）［J］. Annual Journal of Hydraulic Engineering，JSCE，2000，44：139 - 144.

［11］　Ao T Q，Yoshitani J，Takeuchi，et al. Effects of sub - basin scale on runoff simulation in distributed hydrological model：BTOPMC ［A］ //Weather Radar Information & Distributed Hydrological Modelling ［C］. IAHS Publication，2003：227 - 233.

［12］　Duan Q，Sorooshian S，Gupta VK，et al. Optimal use of the SCE - UA global optimization method for calibrating watershed models ［J］. Journal of Hydrology，1994，158：265 - 284.

［13］　Keith J，Beven. 降雨-径流模拟 ［M］. 北京：中国水利水电出版社，2006.

［14］　Takeuchi K，Ao，et al. For hydro - environmental simulation of a large ungauged basin—introduction of block - wise use of TOPMODEL and Muskingum - Cunge method ［J］. Hydrological Sciences Journal，1999，44（4）：633 - 646.

［15］　Tianqi Ao，Hiroshi Ishidaira，Kuniyoshi Takeuchi，et al. Relating BTOPMC model parameters to physical features of MOPEX basins ［J］. Journal of Hydrology，2006，320（1 - 2）：84 - 102.

[16] WANG Guoqiang，ZHOU Maichun，Takeuchi K. Improved version of BTOPMC model and its application in event – based hydrologic simulations ［J］. Journal of Geographical Sciences，2007：73 – 84.

[17] Weinmann P E，Laurenson E M . Approximate Flood Routing Methods：A Review ［J］. Journal of the Hydraulics Division，1979，105（9）：1521 – 1536.

[18] Zhou M C，Ishidaira H，Hapuarachchi H P，et al. Estimating potential evapotranspiration using Shuttleworth – Wallace model and NOAA – AVHRRNDVI data to feed a distributed hydrological model overtheMekong River basin ［J］. Journal of Hydrology，2006，327：151 – 173.

[19] Zhou，Maichun，Ishidaira H，Takenchi K. Estimating the potential evapotranspiration over the Yellow River by considering the land cover characteristics ［A］//IAHS RedBook ［C］. IAHS Publication，2006：214 – 225.

10 模 型 应 用

水文模型应用一般包括模型选择（或研发）、模型资料收集、模型参数率定和检验、模型预报结果评定、模型不确定性分析等方面，可用下面流程图表示，如图 10-1 所示。

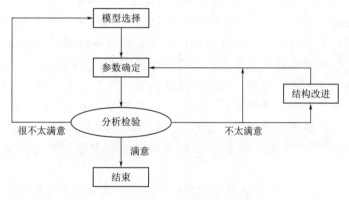

图 10-1 水文模型应用流程图

10.1 模型选择与研发

10.1.1 模型选择

目前可以利用的水文模型有很多，既有相对简单的集总式水文模型，也有相对复杂的分布式水文模型。选择合适的模型有利于获得好的模拟效果。然而在多数情况下，根据某一特定问题选择最佳模型的完全客观的方法并不存在。没有某种特定的模型被认为是最优的模型，每一类模型都各有优缺点。模型选择主要考虑气候、洪水、植被、地貌、地质和人类活动等因素，可以从蒸散发、产流、分水源、坡面汇流和河网汇流等方面来选择。

1968 年，Dawdy 和 Lichty 就如何从多个模型中选择出所需要的模型提出了 4 个标准：①模型预报精度；②模型的简易性；③参数估计的一致性；④参数的敏感性。

正确理解模型的定义是影响模型选择的主要因素。在准确定义和透彻理解预报模型机理的基础上，模型的选择取决于可获取的数据源。此外，模型预报精度至关重要，在其他因素相同的条件下，应该选择具有最小误差的模型；模型的简易考虑的是待率定参数的数量以及应用该模型的难易程度；在其他条件相同的条件下，宜选择简单的模型；如果参数对某特定时期的资料过于敏感，那么这个模型亦不可取；模型不能对不宜测量的输入变量过于敏感。

对于实时洪水预报，模型的选择还要考虑以下因素：

（1）预报预见期。

（2）方法的稳定性。在实时预报中即便退而求其次选择精度略低的方法，也要尽可能避免突发的不稳定性过大的预报误差。

（3）计算时间要求。预报必须及时，以确保洪水管理者和相关者的有效决策。通常计算时间上的要求阻碍了虽然精细精准但耗时长的模型的发展。

10.1.2　模型研发

一个新的水文模型的研发，主要需要解决与确定 3 个问题：

（1）确定模型的结构。模型的结构指模型用以表达流域水文循环的物理描述，由于流域水文物理过程的复杂性，目前只能对流域水文物理过程做出一定的概化，在此基础上确定模型的结构。由于不同的人对不同的自然地理区域做出的概化不尽相同，模型的结构就可能不相同。但是，一般都包括流域水文循环的几个主要环节。具体来说，确定模型的结构就是要确定采用几种水源、几层蒸发、是否考虑坡面汇流、是否考虑填洼和植物截留、采用集总式模型还是分散（分布）式模型等问题作出考虑。模型的结构应具有合理性，即模型的结构应能正确表述研究流域的主要特征，模型的结构通常用框图表示。

（2）确定模型的参数。确定出模型的结构后，接下来就要考虑采用什么样的函数形式来描述水文物理循环的数量关系，即采用什么样的产流计算方式和计算方程（包括蒸发计算，下渗计算，土壤含水量计算），什么样的汇流计算方式和计算模型（包括各种水源的坡面汇流和河网汇流）等等。计算函数形式确定后，其函数中的参数就代表了流域的具体特征，通常称这些参数为模型参数。当计算函数是建立在水文物理概念基础之上时，模型的参数就具有一定的物理意义。由于对流域作出概化时，为使计算方便可行，目前的流域水文模型还做不到使每个参数都具有物理含义，但使多数模型参数具有物理意义是模型研制的努力方向。

不同的流域，模型参数的取值范围不同，由于许多物理参数的不可测量性（例如，流域的蓄水容量就不能通过测量取得），对具体流域，当应用流域水文模型模拟径流时，只能通过优选获得一组接近最佳的模型参数。优选模型参数称为模型参数率定，这是一个十分重要的工作，需要一定的模型应用经验。

（3）确定模型状态变量计算流程。每一个水文循环过程的状态都是由一组变量表达的，它们体现为表达水文物理循环过程的函数中，随时间而变化的变量，这些变量通常称为模型的状态变量。当模型的输入（通常是流域的降雨和蒸发能力），模型的结构和参数确定后，模型的状态变量就随模型的输入变化而变化。由于流域水文循环各个子过程在时间上的交织，需正确制定模型状态变量的计算流程，才能使模型正确模拟流域的径流过程。计算流程一般需要保证流域的水量平衡，不正确的计算流程往往导致水量不平衡，这会破坏模型的严谨性。流域水文模型的计算流程通常由计算机程序的计算流程图表达。

10.2 模型资料收集

不同的水文模型所需的资料不完全相同，一般包括降雨、蒸发、气温、径流等基本水文气象资料，以及 DEM、土地利用、土壤、水库等资料。实际应用中应收集不同时空尺度的水文气象资料和下垫面资料，尽可能地利用卫星、遥感、遥测、航测、雷达、地面观测等多源途径。基本资料一般包括：

（1）水文气象资料：降水、蒸散发、径流、冰情、气温、辐射、风速、湿度、日照等；

（2）下垫面特性资料：地形、地貌、土壤、植被、土地利用等；

（3）水利工程资料：各级水库的有效库容及灌溉面积、各类引水、提水量及灌溉面积、灌溉定额等；

（4）水文地质特性资料：岩性分布、地下水平均埋深及其补给、排泄特性、地下水开采情况等；

（5）社会经济发展资料：耕地、林地、草木场、荒地的面积及分布、人口及经济发展情况等。

预报方案的可靠性取决于编制方案使用的水文气象资料的质量和代表性。《水文情报预报规范》规定洪水预报方案要求使用样本数量不少于 10 年的水文气象资料，其中应包括大、中、小水各种代表性年份，并保证有足够代表性的场次洪水资料，湿润地区不少于 50 次，干旱地区不少于 25 次。如果可用的资料比较少，应使用所有年份洪水资料。

将水文模型用于实际预报前先要进行参数率定，并对率定的模型进行检验。通常将水文资料分为两组，一组用于率定，另一组用于检验，一般 60%～70% 的资料进行率定，30%～40% 的资料用于检验。

10.3 模型参数率定和检验

10.3.1 率定和检验的意义

水文模型参数是模型中待求的常数，模型结构确定后，模型的参数就代表了流域特征。通常模型中包含两类参数：一类是具有明确物理意义的参数，可以直接测量，或者通过与流域可量测点理论或经验相关间接估算，理想情况下的物理模型参数为第一类；另一类是不能直接测量的参数，通常通过优选（率定）方法获得，即在可能的物理局限值或者阈值区域寻找最优解使得模型模拟结果和观测值拟合最佳。

当模型的结构和输入参数初步确定后，需要对模型进行参数率定和验证。只有在满足流域径流模拟的精度要求后，模型才能应用于生产实际和研究工作。

通常将所使用的资料系列分为两部分：其中一部分用于模型参数率定，而另一部分则用于模型验证。率定模型参数所使用的资料年限称为模型率定期，检验模型的资料年限称为模型检验期。参数率定是调整模型参数、初始和边界条件以及限制条件的过程，以使模型模拟值接近于实测值。标准的参数率定过程是寻找实测和预报状态的细微差别，并通过统计的拟合度来衡量模型的适用性。当模型参数率定完成后，应用参数率定数据集以外的数据和率定好的模型参数对检验期的径流进行模拟，以评价模型的适用性和模拟预报能力。

一个好的流域水文模型，其率定期和检验期的模拟精度应相差不大，否则应重新率定模型参数，必要时还要调整模型结构。在模型参数的率定和检验工作中还要注意，率定期和检验期的资料必须具备足够的一致性、可靠性，资料质量较高；否则模型参数的率定和检验成果可能是不正确的。

在模型参数的率定和检验工作中还要同时分析参数的敏感性，所谓的参数敏感性指微调模型参数后，模型输出应有明显的变化。如果一个参数无论如何改变，模型的输出没有什么变化，或变化不明显，说明该参数是不灵敏的。参数敏感性分析是判断计算结果不确定性的基础，有助于进一步了解影响研究流域水文过程的关键因子，并有助于有效地率定模型。由于某些模型参数太多以及模型参数的空间特性差异，确定每个参数的准确值可能是比较困难的，只能使重要的参数尽可能的准确，因此，只能选择模型中对模拟结果产生重要影响即敏感性较大的几个参数进行率定，以保证最终模拟的精度。

参数率定的理想目的是去除模型里的所有可能的偏差和噪声。实际上，由于模型输入的数量和质量的局限性，以及模型本身的简化假设，所以在率定模型时必须注意达到率定目标和统计上的拟合优度之间的适度平衡。有时不能不牺牲后者以达到参数的空间一致性。

对应于流域水文模型率定通常有 3 个主要目的：

（1）对河流上每个关键预报点的观测水文过程进行拟合。其目的是达到拟合最优，误差最小，即所有误差都是随机的，如总体误差、季节性偏差、流域特定环境（如降雪和土壤含水量）误差等。预报输出的随机误差绝大部分取决于输入变量（特别是降水）随机误差。降水表现出典型的空间变异性，其误差是集总式模型不能在所有地区产生一致满意结果的主要原因。

（2）模型参数应该起到预期作用。概念性模型的设计使参数具有一定的物理意义，模型参数决定了其在模型里所代表的特定过程。模型的设计使每个参数的作用都能在模拟的水文过程的特定部分体现，如水位涨率、洪峰、洪量等。为了和模型的物理基础一致，并使得模型输出结果不仅要和历史观测值拟合最优，而且还能在历史系列以外的场景进行正确的外推，每个参数必须按照设计的预期进行应用。这意味着不应通过调整参数或主观进行加权最终输出统计结果进行调整。

（3）不同区域的参数值应该不同，如流域内部不同区域以及周边流域。不同区域参数值的变化应该可以由地形因素、气候条件或水文响应的变化来解释。参数率定的目的不仅要从物理的角度看具有合理性，而且是如果遵循了物理机制，应该很容易模拟和理解作业预报中的变化以及对状态变量进行实时的调整。

10.3.2 参数率定方法

为了将参数控制在一个有效的、具有一定物理意义的合理范围，常常根据水文气象、自然地理资料对参数的取值范围做出估计，并结合计算者的经验，给出参数初值。然后采用人机对话方式调试参数，或是利用优化方法自动调试参数，使模型用这一套参数值计算出的结果在给定准则下最优。调试的过程就是参数的率定过程，即参数优化过程。

参数率定包括：估计参数初值；模型计算；根据确定的目标准则判断优或否；寻找新的参数或参数寻找结束 4 个基本步骤，如图 10.3-1 所示。

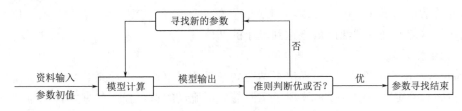

图 10.3-1 参数率定流程图

参数率定是水文模型应用的重要组成部分。常用的参数率定方法包括人工率定方法（试错法）和自动率定（自动优化）方法。

10.3.2.1 人工率定

人机对话方式调试参数也称为人工调试或率定，主要通过试错法确定模型参数，通常是逐个改变模型参数，在计算机屏幕上观察径流模拟效果。由于模型参数较多，参数间可能做不到完全独立，人工调试可能要花费较多时间。人工率定法带有一定的主观性。这对于有经验的率定者来说，比较容易得到较好的参数率定值；但对于缺少经验的工作者来说，人工率定过程相对比较费时费力。

10.3.2.2 自动率定

随着优化技术的快速发展，水文模型参数自动率定（优化）方法迅速发展起来。参数自动优化大大加快了参数优化的速度，并且增加了模拟结果的客观性和可信度。参数自动率定是基于一定的最优化准则，将模型的输出转化为最优化问题的目标函数，优化问题的最优解是以目标函数取得极值来体现的。参数的自动率定是通过系统自动反复改变模型参数，使得模拟值和实测值的差别最小，这些反复的试验称为"迭代"。通常，参数自动率定方法的主要步骤是建立目标函数、选择优化算法、确定中止准则和获取率定数据。

不同的目标函数用来评价水文过程的不同特征，目标函数的选择对优化结果至关重要。为了使优选的参数能更好地代表流域水文特征，选择目标函数一般考虑以下几个方面的因素：①模拟流量过程与实测流量过程保持水量平衡；②模拟流量过程与实测流量过程形状基本一致；③洪峰流量、峰现时间吻合较好。

（1）单目标率定

可以用一个单一目标函数（如标准误差最小化）来评定最终结果的精度。对于目标函数的选取，已经有很多人做过研究。通常最常用的目标函数有以下几个：

1）加权最小二乘函数

最常用单目标函数是汲取统计回归和模型拟合理论得到的加权最小二乘函数，函数表达式如下：

$$F(\theta) = \sum_{i=1}^{N} w_i [Q_{obs,i} - Q_{sim,i}] \qquad (10.3-1)$$

式中：Q_{sim} 和 Q_{obs} 分别为 i 时刻的模拟和实测径流；θ 为模型参数向量；w_i 为 i 时刻的权重；N 为模拟的时段数。

权重 w_t 表示在拟合某一水文过程线中的重要性。如果所有的权重都相等的设为 1.0，WLS 函数就变为常见的最小二乘法（SLS）函数。注意到如果模型可以和实测水文过程线完全拟合的话目标函数 $F(\theta)$ 可以达到最小值 0。然而，一般来说，是达不到 0 值的，而自动优化的目的就是找到使函数值达到最小的 θ 值。

2）确定性系数

Nash 与 Sutcliffe 在 1970 年提出了纳西效率系数（也称确定性系数）来评价模型模拟结果的精度，确定性系数直接地体现了实测与模拟流量的拟合程度的好坏，确定性系数公式如下：

$$NSE = 1 - \frac{\sum_{i=1}^{N} (Q_{obs,i} - Q_{sim,i})^2}{\sum_{i=1}^{N} (Q_{obs,i} - \overline{Q_{obs}})^2} \qquad (10.3-2)$$

式中：Q_{sim} 和 Q_{obs} 分别为模拟和实测径流；$\overline{Q_{obs}}$ 为实测径流的算术平均值。NSE 越大表示实测与模拟径流拟合越好，模拟精度越高。

由于模型及数据等存在误差，通过单目标优化出来的参数往往不能描述水文过程的多种特征，例如，以洪峰流量均方误差作为目标函数，虽然能较好模拟洪峰流量，但不能很好地模拟枯水流量，反之亦是。另外，异参同效现象的存在使我们在最后选择一组最优参数时具有很大的不确定性，同时也给水文预报产生的模型输出带来很大的不确定性。解决这一问题的有效途径为多目标参数优化。多目标参数率定可以综合考虑模拟结果的多种统计特征，较为全面地反映水文过程特征，一定程度上提高模型率定结果的可靠性。

（2）多目标率定

水文模型的多目标参数优化问题可以表示为如下优化问题：

$$F(\theta) = \min\{F_1(\theta), F_2(\theta), \cdots, F_p(\theta)\} \theta \in \Theta \qquad (10.3-3)$$

式中：$F_1(\theta)$，$F_2(\theta)$，$\cdots$，$F_p(\theta)$ 为评价水文过程的 p 个不同特征目标函数；θ 为模型参数组合向量，θ 在由各个参数最大值和最小值组成的一个多维空间 Θ 内取值。

在多目标决策问题中，各目标函数之间互相制约，其中某个目标函数值的减小必然以其他目标函数值的增大为代价。因此式（10.3-3）的解往往并非存在唯一的绝对最优解，而是由许多可行解或非劣解组成，即 Pareto 解。

为便于说明 Pareto 解的概念，以一个双参数的两目标优化问题为例，点 A 与点 B 为相应个目标 F_1 与 F_2 各自取得最小值时的解，连接 A 与 B 的实线 AB 上的点便是 Pareto 解集（Pareto front），见图 10.3-2。图 10.3-2(b) 可以看出从连线 A 向 B 移动过程中，F_1 增大，F_2 减小，因此无法判断那个解更优，我们把这叫作 Pareto 解，或非劣解。

Pareto 解中的元素 θ_p 有如下性质：

1）对于任意 Pareto 解 θ_d，必然存在一 θ_p，使得 $F_k(\theta_p) < F_k(\theta_d)$，$k = 1, 2, \cdots, n$。

2）在 Pareto 解集中不存在最优解 θ_p^*，使得 $F_k(\theta_p^*) < F_k(\theta_p)$，$k = 1, 2, \cdots, n$。

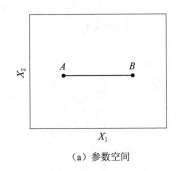

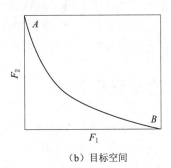

(a) 参数空间　　　　　　　　　　(b) 目标空间

图 10.3-2　多目标 Pareto 解示意图

理论上说，所有的 Pareto 解都属于最优解，但实际中往往并非所有的 Pareto 解都被采用，而是根据需要协调各目标函数间的平衡关系，并从中选择其中的一组（或几组）参数。通过将多个目标函数转化为一个集合目标函数可以得到需要的 Pareto 解，常用的转化方法有等距离函数法，即

$$F_{agg}(\theta) = \left[(F_1(\theta) + A_1)^2 + (F_2(\theta) + A_2)^2 + \cdots + (F_p(\theta) + A_p)^2 \right]^{1/2}$$

$$(10.3-4)$$

式中：A_i 为目标函数 i 的转化常数，用来调整各个目标函数在总体目标函数中的权重。通过对式（10.3-4）中 A_i 的不同取值，可以得到 Pareto 解集中任意一组参数解。可见传统的单目标参数优化解是 Pareto 解中的特例。

常用的多目标优化通常包括：①多响应优化，即针对一个变量的不同方面构造不同的目标函数从而反映水文过程的不同方面，如针对洪峰流量过程、枯水流量过程或者水量平衡等建立目标函数；②多变量优化，利用多个变量如径流、地下水、土壤含水量或冰雪覆盖等建立目标函数然后进行优化；③多站点优化，利用多个站点的径流进行优化。如何选取多个目标函数以及如何将目标函数进行有效的综合考虑需要进一步研究。

10.3.2.3　无资料流域参数率定

无资料流域（Ungauged Basins）水文模型参数获取的传统方法主要思想是参数移植，即移用参考流域（相邻或相近有资料流域）率定好的参数至无资料流域。但是参考流域（站）的选择并没有非常客观有效的方法，在很大程度上受到水文工作者主观经验的影响。

区域化方法（Regionalization）是通过某一（些）流域属性寻找目标流域（无资料流域）的参考流域（有资料流域），利用有资料流域的模型参数推求无资料流域的模型参数，从而对无资料流域进行预报。区域化方法可以利用更多的信息，因而可以在很大程度上降低不确定性的影响，提高预报精度，是目前解决无资料流域径流预报问题的有效途径之一。

常用的区域化方法有空间相近法、属性相似法和回归法。空间相近法是指找出与研究流域（无资料流域）距离上相近的一个（或者多个）流域（有资料流域），并把其参数作为研究流域的参数。其研究根据为同一区域的物理和气候属性相对一致，因此相邻流域的水文行为相似。属性相似法是指找出与研究流域属性（如土壤、地形、植被和气候等）上相似的流域，并把其参数作为研究流域的参数。回归法是指根据有资料流域的模型参数和流域属性，建立二者之间的多元回归方程，从而利用无资料流域的流域属性推求其模型参数。目前无资料流域参数率定还有待进一步深入研究。

10.4　参数自动优化算法

参数自动优化算法包括局部优化和全局优化两类。局部优化算法包括罗森布瑞克法（Rosenbrock），单纯形法（Simplex，又称 Nelder – Mead 算法）等。局部优化算法在早期得到广泛应用，但是由于水文模型大多数是非线性的，模型的响应面是多峰的，也就是说参数空间里有若干个局部极低点，因此局部优化算法对参数初始值要求较高。给定不同的参数初值，往往得到不同的优化结果，一次采用局部优化算法很难确定优化结果是否为全局最优。全局最优法能有效的对参数空间内的多个极值点进行综合考虑，从整个参数空间中寻求全局最优解。全局最优法包括遗传算法、粒子群优化算法、SCE – UA 算法、模拟退火算法等。

10.4.1　遗传算法

遗传算法（genetic algorithm，GA）起始于 20 世纪 60 年代，主要由美国 Michigan 大学的 John Holland 与其同事和学生研究形成了一个较完整的理论和方法。从 1985 年在美国卡耐基梅隆大学召开的第 5 届国际遗传算法会议（intertional conference on genetic algorithms：ICGA′85）到 1997 年 5 月 IEEE 的 transaction on evolutionary computation 创刊，遗传算法作为具有系统优化、适应和学习的高性能计算和建模方法的研究逐渐成熟。

10.4.1.1　遗传算法的基本思想

遗传算法是从代表问题可能潜在解集的一个种群开始的。该种群是由经过基因编码的一定数目的个体组成，这需要实现从表现型到基因型的映射即编码。初代种群产生之后，按照适者生存、优胜劣汰的原理，逐代进化产生出越来越好的近似种，即在每一代中，根据问题域中个体适应度大小挑选个体，并借助自然遗传学的遗传算子进行组合交叉和变异，产生出代表解的解集的种群。这个过程将导致种群像自然进化一样的后生代种群比前代更加适应于环境，末代种群中的最优个体经过解码可以作为问题的近似最优解。

采用多种群即有子种群的算法往往会获得更好的结果。每个子种群像单种群遗传算法一样独立地演算若干代后，在子种群之间进行个体交换。这种多种群遗传算法更加贴近于自然界中种族的进化，称为并行遗传算法。

10.4.1.2　遗传算法的特点

遗传算法的特点包括：①自组织，自学习，自适应性；②本质并行性；③不需要求导或其他辅助知识，而只要影响搜索方向的目标函数和相应的适应度函数；④强调概率转换规则，而不是确定的转换规则；⑤对给定问题可产生许多的潜存种，最终选择可以由使用者确定等。

10.4.1.3　遗传算法的基本操作

遗传算法包括 3 个基本操作，即选择、交叉（基因重组）、变异，这些基本操作又包括不同的算法。

（1）选择。按比例的适应度算法（proportional fitness assigment）、基于排序的适应度算法（rank – based fitness assignment）、轮盘赌选择（roulette wheel selection）、随机遍历抽样（stochastic universal sampling）、局部选择（lacal selection）、截断选择（tournament selection）。

（2）交叉或基因重组（crossorer/recombination）。实值重组（real value recombination）、离散（discrete）重组、中间（intermediate）重组、线性（linear）重组、扩展线性（extended linear）重组、二进制交叉（binary valuelcrossorer）、单点交叉、多点（multiple – poinrt）交叉、均匀（uniform）、交叉、洗牌（shuffle）交叉、缩小代理（crossover with reduced surrogate）。

（3）变异（mutation）。变异实质上是子代基因按小概率扰动产生的变化，有两种算法，分别为实值变异和二进制变异。

遗传算法的一般流程如图 10.4 – 1 所示。

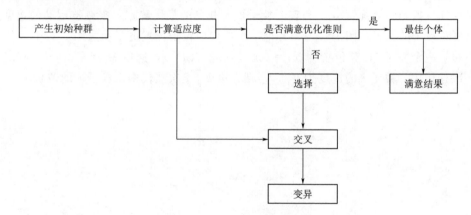

图 10.4 – 1　遗传算法流程图

10.4.2　粒子群算法

粒子群算法（particle swarm optimization，PSO）是由 Kennedy 和 Eberhart 于 1995 年提出的一种集群优化算法。粒子群算法使用在解空间中不断移动的粒子作为寻优的群体，每个粒子具有位置和速度两个属性（位置和速度的维数和解空间的维数相同），粒子的位置代表了某个可行解，速度代表了与下一个寻找到的可行解的差值。每个粒子根据自己已经寻找过的最优解和群体当前寻找到的最优解来调整自己的速度（按某种特定规则），以搜索到更优的解。

粒子群算法最早源于对鸟群觅食行为的研究。群鸟在觅食过程中，在某个区域里随机搜索食物，在这个区域中只有一个地方有食物，每只鸟都知道自己与食物间的距离，信息可以在群鸟之间共享，每只鸟都可以知道同伴的位置，距离食物的远近决定位置的优劣。因此对每只鸟来说可以根据两方面的信息来调整自己的飞行方向和速度，以便尽快找到食物，即自身所经历过的最佳位置和整个觅食过程中群鸟所经发现的最佳位置。鸟群通过成员间动态的共享信息的机制，在没有任何先验知识的情况下很快找到食物。

粒子群优化算法就是对群体行为的模拟。群鸟的搜索区域对应于设计变量的变化范围，食物对应于适应度函数的最优解，每只鸟，即每个粒子对应于设计空间的一个可行解。觅食过程中每只鸟经历的最佳位置和群鸟所经历的最佳位置分别对应于迭代过程中每个粒子的具有最佳适应度的可行解 p_{best} 和整个粒子群中出现的最佳适应度的可行解 g_{best}。

粒子群算法已经广泛应用与水文模型参数优化。粒子群的实现过程如下：

首先在设计空间内随机初始化粒子群和每个粒子的初始速度。

$$x_0^i = x_{\min} + r_1(x_{\max} - x_{\min}) \tag{10.4-1}$$

$$V_0^i = r_2(x_{\max} - x_{\min})/\Delta t \tag{10.4-2}$$

式中：$x_{\max}$、$x_{\min}$ 分别为设计变量取值的上下限；r_1、r_2 为在 0～1 之间均匀分布的随机数；Δt 为时间间隔，通常取 1。

从初始粒子群开始，通过迭代搜索粒子适应度函数的最优解。在每一次迭代中，各个粒子根据自身找到的最优解 p_{best} 和整个粒子群所找到的最优解 g_{best} 来调整运动的速度和方向，以更新粒子的位置。图 10.4-2 为每一次迭代中粒子位置更新示意图。对于 n 维设计空间中的某一个粒子 i，其位置为 $x_i = (x_{i1}, x_{i2}, \cdots, x_{in})$，速度 $V_i = (v_{i1}, v_{i2}, \cdots, v_{in})$，设第 k 次迭代中，粒子 i 的速度为 $V_{i(k)}$，则在第 $k+1$ 次迭代中，粒子 i 的位置为

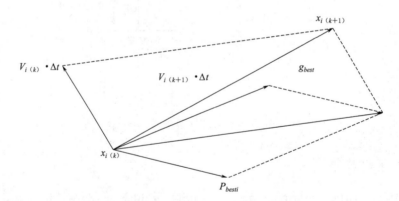

图 10.4-2　每一次迭代中粒子位置更新示意图

$$x_{i(k+1)} = x_{i(k)} + V_{i(k+1)}\Delta t \tag{10.4-3}$$

式中：$V_{i(k+1)}$ 为粒子 i 更新后的速度。

粒子根据当前速度 $V_{i(k)}$，自身最佳位置 p_{besti} 和整个粒子群的最优位置 g_{best} 来决定下一刻的速度 $V_{i(k+1)}$。当前速度 $V_{i(k)}$ 能够使粒子搜索到最优的位置，因此在决定下一时刻的速度 $V_{i(k+1)}$ 时应适当保留当前速度 $V_{i(k)}$。对每一个粒子而言，总希望回到自己最满意的地方，因而需要考虑 p_{besti} 的影响；另外，g_{best} 作为整个粒子群所共享的信息，也是所有粒子向往的地方。因此根据这些信息，对粒子的速度进行调整。

$$V_{i(k+1)} = \omega V_{i(k)} + c_1 rand_1(p_{besti} - x_{i(k)})/\Delta t + c_2 rand_2(p_{besti} - x_{i(k)})/\Delta t$$

$$\tag{10.4-4}$$

式中：ω 为惯性系数，粒子保持当前速度的程度，在计算中通常取 $0.4 \leqslant \omega \leqslant 1.4$，$rand_1$、$rand_2$ 为在 $0 \sim 1$ 之间均匀分布的随机数；c_1、c_2 为置信参数，一般取为 $c_1 = c_2 = 2.0$，以使随机变量 $c_1 rand_1$、$c_2 rand_2$ 的均值为 1，随机参数的加入，实现了概率搜索，使算法更易于进行全局搜索。

针对不同的优化问题，适当调整各个参数，可以改善算法的收敛性能。惯性系数 ω 控制当前速度对更新后速度的影响，通常粒子沿着当前速度运动可以搜索到更好的位置，ω 取值较大时，当前速度的作用较大，粒子可以沿着已知的能找到更优点的方向到新的区域搜索，有利于进行大范围的全局搜索；ω 取值较小时，当前速度的作用较小，而以 p_{best} 和 g_{best} 为主要参考信息的概率搜索将起主要作用，粒子可以在当前搜索区域附近进行小范围的局部搜索。选取适当的 ω，可以权衡粒子的全局搜索和局部搜索能力，提高搜索效率。在应用时，可以对 ω 进行动态取值，初期取值较大，利于粒子进行全局搜索，随着迭代进行，ω 取值逐渐减小，利于粒子进行局部搜索，提高算法的搜索能力。置信参数 c_1、c_2 分别作用于 p_{best} 和 g_{best}，若 c_1 相对于 c_2 较大，粒子更倾向于自身找到的最优点，没有充分利用群体中共享的信息，则易导致粒子在设计空间中过度的徘徊，收敛很慢；反之，c_2 相对于 c_1 较大，粒子更倾向于群体搜索到的最优点，没有充分利用粒子自身的经验，则易导致粒子过早地涌入局部最优点，发生早熟现象。

粒子群优化算法的流程如图 10.4-3 所示。

粒子群算法和遗传算法均属于演化算法，是对某种自然现象的模拟，两种算法在计算技术上有着类似的过程：

(1) 随机初始化群体。

(2) 对每个个体进行适应度评价。

(3) 根据某种规则对群体进行演化。

(4) 迭代循环 (2)、(3) 步，直到满足某种停止准则。

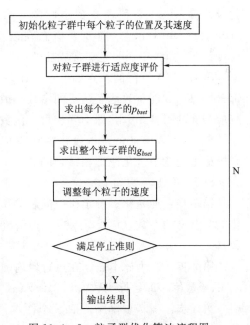

图 10.4-3 粒子群优化算法流程图

两种算法的区别在于演化规则不同，粒子群优化算法模拟群体模型中的信息共享机制，遗传算法模拟物种优胜劣汰的进化机制，粒子群算法中没有遗传算法的交叉和变异操作，每个粒子根据自己的"记忆"和来自同伴的信息来调整自己的速度，在实际计算过程中，与遗传算法比较，粒子群优化算法以较小的群体规模可以更快地收敛到最优解，这是由于所有过程中，g_{best} 把信息传给所有的粒子，使得粒子的运动紧跟当前最优解，保持较快的搜索速度，随机参数的设置使得粒子的搜索更加细致；同时，惯性系数的设置可以调整粒子的搜索能力，防止迭代陷入局部最优解而发生早熟现象。

10.4.3 SCE - UA 算法

SCE - UA 算法 (Shuffied Complex Evolution, Universiy of Arizona, SCU - UA) 是 Duan Qingyun 等 1992 年在综合了遗传算法、Nelder 算法与最速下降算法等优点的基础上提出的一种稳健的高效全局优化算法。它引入了种群杂交的概念，在应用于非线性优化问题时具有很好的效果，且输入参数较少。

与传统的 GA 算法相比，SCE - UA 算法把总体划分成几个复合型，在不同方向上对可行空间进行更自由、更广阔的探测（搜索），而且允许产生不止一个引力区（收敛区）的可能性。通过共享每个复合型独立获得的信息，进行复合形重洗，增强了后代的存活能力。

SCE - UA 算法的提出基于以下 4 个概念：①确定性和概率论方法结合；②在全局优化及改善方向上，覆盖参数空间的复合型点的系统演化；③竞争演化；④混合复合型 (complex shuffling)。前 3 个概念在以往诸如 GA、Simplex 和 CRS (controled random search) 等算法中证明是非常成功的。

SCE - UA 算法的特点如下：①在多个吸引域内获得全局收敛点；②能够避免陷入局部最小点；③能有效地表达不同参数的敏感性与参数间的相关性；④能够处理具有不连续响应表面的目标函数，即不要求目标函数与导数的清晰表达；⑤能够处理高维参数问题。

SCE - UA 算法的基本思路主要基于确定性的 Nelder 和 Meda 复合型搜索技术和自然界中的生物竞争进化原理相结合的概念。

SCE - UA 算法如下：

第 1 步：初始化。确定研究问题的维数（n 维），这里是指优化参数的个数，选取进化的复合型的个数（$P \geqslant 1$）和每个复合型所包含的顶点数目 $m (m \geqslant n+1)$，计算样本点数目 $s = P \times m$；

第 2 步：产生样本点。在可行域内随机产生 s 个样本点 x_1，$\cdots$，x_s，分别计算每一点 x_i 的函数值（即目标函数值）$f_i = f(x_i)$，$i = 1, \cdots, s$；

第 3 步：样本点排序。把 S 个样本点 (x_i, f_i) 按照函数值的升序排列，排序后不妨仍记为 $(x_i, f_i) i = 1, \cdots, s$，其中 $f_1 \leqslant f_2 \leqslant \cdots \leqslant f_s$，记 $D = \{(x_i, f_i)\}, i = l, \cdots, s$；

第 4 步：划分为复合型群体。将 D 划分为 p 个复合形 A^1，$\cdots$，A^p，每个复合型含有 m 点，其中

$$A^k = \{(x_j^k, f_j^k) \mid x_j^k = x_{k+p(j-1)}, f_j^k = f_{k+p(j-1)}, j = 1, \cdots, m\} \qquad (10.4-5)$$

第 5 步：复合型进个体化。按照竞争的复合型进化算法 (CCE) 分别进化每个复合形，直至每个复合型收敛；

第 6 步：复合型重整。把进化后的每个复合型的所有顶点组合成新的点集，再次按照函数值的升序排列，排序后不妨仍记为 D；

第 7 步：收敛性判断。如果复合型群体满足收敛条件则停止，否则回到第 4 步。

其中 SCE 算法的第 5 步中每个复合型进化时采用的竞争复合型进化算法 (CCE) 的具体步骤如下：

(1) 初始化：选取子复合型中点的个数 q，复合型生成的连续子辈的数目 α 以及复合

形进化的代数 β，其中，$2 \leqslant q \leqslant m$，$\alpha \geqslant 1$，$\beta \geqslant 1$，

$$p_i = \frac{2(m+1-i)}{m(m+1)}, i=1, \cdots, m \qquad (10.4-6)$$

（2）分配权重：对第 A^k 个复合型中的每个点分配其概率质量，这样较好的点就要比稍差的点有较多的机会形成子复合型。

（3）选取父辈群体：从 A^k 中按照概率质量分布随机地选取 q 个不同的点 u_1，$\cdots$，u_p，并记录 q 个点在 A^k 中的位置 L。计算每个点的函数值 v_j，把 q 个点及其相应的函数值放于变量 B 中。

（4）进化产生下一代群体：

1）对 q 个点以函数值的升序排列，计算 $q-1$ 个点的形心：

$$g = \frac{1}{q-1} \sum_{j=1}^{q-1} u_j \qquad (10.4-7)$$

2）计算最差点的反射点 $r = 2g - u_q$。

3）如果 r 在可行域内，计算其函数值 f_r，转到 4）步；否则，计算包含 A^k 的可行域中的最小超平面 H，从 H 中随机抽取一可行点 Z，计算 f_z，以 z 代替 r，fz 代替 f_r。

4）若 $f_r < f_q$，以 r 代替最差点 u_q，转到 6）步；否则计算 $c = (g+u_q)/2$ 和 f_c。

5）若 $f_c < f_q$，以。代替最差点 u_q，转到 6）步；否则计算包含 A^k 的可行域中的最小超平面 H，从 H 中随机抽取一可行点 Z，计算 f_z，以 z 代替 u_q，f_z 代替 f_q。

6）重复步骤 1）到步骤 5）α 次。

（5）取代：把 B 中进化产生的下一代群体即 q 个点放回到 A^k 中原位置 L，并重新排序。

（6）迭代：重复步骤（1）到步骤（5）β 次，它表示进化了 β 代，也即会产生多少个后代。

SCE-UA 方法包含多种随机和确定的成分，参数设置的会影响到优化的效果。SCE-UA 中的参数包括复合形的数目 p、复合形中点的个数 m、子复合形中点的个数 q；样本所需要的最少复合形数目 p_{min}、复合形生成的连续子辈数目 a 和复合形进化的代数 β。理论上，每个复合形点的个数 m 的取值应该大于或者等于 2 个，如果每个复合形的点较少，其搜索方式与单纯形方法类似，相反，如果每个复合形的点过多，会浪费很多计算时间，因此效率不高。研究表明令 $m = 2n+1$，n 为需要优化的参数个数。子复合形中的点数 q 变化范围为 2 到 m，令 $q = n+l$，这样最近似于函数曲面，而且可以合理估计局部收敛方向。每个复合形生成的连续子辈的数目 α，其值应大于等于 1，如果 $\alpha = 1$，则只有一个父辈点被替换。随着 a 值的增大，搜索更加偏向可行域的局部收敛点。复合形整合前的进化代数 β，可以是任意正数值。如果 β 值偏小，复合形整合的次数频繁，而且复合形更独立的沿着各自的搜索方向搜索；如果 β 值偏大，复合形很快收缩变成小点集，丧失了全局收敛的有效性。所需要的复合形的数目 p 取决于问题的复杂程度，问题越复杂就需要更多数目的复合形来确定全局最优点。参数值 p_{min} 是样本所需要的最少复合形的个数，将其引入 SCE-UA 算法中是为了改进效率。由于在搜索的过程中，样本收敛到越来越小的空间，需要更少的点来构成一个一定密度的空间。

10.4.4 MOSCEM-UA 算法

MOSCEM-UA 是 Vrugt 等在 SCE-UA 单目标优化算法的基础上提出的一种多目标优化算法。首先，MOSCEM-UA 算法以基于协方差的 Metroplis-annealing 方法代替 SCE-UA 算法中的下降单纯形法生成后代样本点，从而避免进化计算向单一模式的确定性转移；其次，MOSCEM-UA 在进化生成子代的过程中，不再将复合形进一步分解，并采用不同的样本点更新过程，从而有效地避免了陷入低后验密度区域的趋势。MOSCEM-UA 算法通过继承 Metropolis 算法、控制随即搜索、竞争进化与复合形混合洗牌方法，在进化过程中能够交换并行序列信息，根据马尔科夫链自适应的调整转移概率，从而保证参数后验概率密度的连续更新与进化，最终达到识别非劣参数及后验分布的目的，MOSCEM-UA 算法较 SCE-UA 算法更适用于优化多参数问题。

1. MOSCEM-UA 算法过程

（1）初始化。选择样本群规模 s 和复合形数目 q，那么每个复合形中包含的样本点数目 $m=s/q$。

（2）从参数可行域按先验分布产生 s 个样本点 $\{\theta_1,\theta_2,\cdots,\theta_s\}$，计算每个样本点的后验密度 $\{p(\theta^{(1)}|y),p(\theta^{(2)}|y),\cdots,p(\theta^{(s)}|y)\}$。

（3）将样本点按后验概率密度降序方式排序，存储在数组 $D[1:s,1:n+1]$ 中，第一行为后验密度最高的样本点，其中，n 为估计参数个数，数组中最后一列存储各样本点的后验概率密度。

（4）初始化并行序列 S^1，S^2，$\cdots$，S^q 的起始点，即 S^k 为 $D[k,1:n+1]$，此处 $k=1,2,\cdots,q$。将 $D[1:s,1:n+1]$ 划分为 q 个复合形 C^1，C^2，$\cdots$，C^q，每个复合形含有 m 个样本点，使得第一个复合形包含次序 $q(j-1)+1$ 的点，第二个复合形包含次序 $q(j-1)+2$ 的点，以此类推，$j=1,2,\cdots,m$。

（5）调用 SEM 算法进化每个序列 S^k。

（6）将所有复合形放入数组 $D[1:s,1:n+1]$ 中，并将各样本点依后验密度递减排列，将 s 个样本点按步骤（4）重新生成 Q 个复合形。

（7）检查是否满足 *Gelman-Rubin* 收敛准则，如果符合收敛条件则计算结束，否则转向第（4）步。

2. SEM 算法过程

（1）计算 C^k 中各参数均值 μ^k 和协方差矩阵 $\sum^k$，并将复合形 C^k 中 m 个样本点依后验概率密度递减排列。

（2）计算 C^k 中 m 个样本点的平均后验密度与 S^k 中最后生成的 m 个点比值 α^k。

（3）若 α^k 小于预先指点的似然比例 T，则从多为正态分布中生成候选点 $\theta^{(t)}$，齐均值为序列 S^k 中最后一次抽样值 $\theta^{(t)}$，协方差为 $c_n^2\sum^k$，c_n 为设定的跳跃率。转入步骤（5），否则继续步骤（4）。

（4）从均值为 μ^k，方差为 $c_n^2\sum^k$ 的正态分布中生成子代 $\theta^{(t+1)}$。

（5）计算后验密度 $p(\theta^{(t+1)}|y)$。若生成的候选点在参数可行域之外，则令 $p(\theta^{(t+1)}$

$|y)=0$。

(6) 计算比例 $\Omega = p(\theta^{(t+1)}|y)/p(\theta^{(t)}|y)$，并从区间 [0，1] 生成随机数 Z。

(7) 若如果 $Z \leqslant \Omega$，接受候选点，否则拒绝候选点保持原序列不变，即令 $\theta^{(t+1)} = \theta^{(t)}$。

(8) 将点 $\theta^{(t+1)}$ 加入到序列 S^k 中。

(9) 若接受候选点，则以 S^k 中替换 C^k 中嘴有点，然后转入步骤 (10)；否则判断若 Γ^k 大于预先设定的似然比例 T 且 $p(\theta^{(t+1)}|y)$ 高于 C^k 中最劣点的后验密度，则以 $\theta^{(t+1)}$ 替换 C^k 中最劣点 m。

(10) 重复步骤 (1)～(8) L 次，L 为每个序列在掺混复合形前的进化代数。

10.5 模型预报结果评定

水文模型模拟和预报结果的准确率与可信程度是衡量服务质量的前提，为了更好地为国家安全和国民经济建设服务，必须对水文预报结果的可靠性和有效性进行评定和检验。

评定和检验的目的包括：①了解预报方案效果及所采用的结构、相应技术和方法是否合理和适用，预报精度是否满足生产实际的要求。②了解和掌握预报方案的适用范围、误差大小及其分布情况，使技术人员能合理使用，有关单位能正确应用预报精度。③通过不同预报方案之间实际效果的对比分析，发现存在的主要问题，找出解决或减小误差的方法。

《水文情报预报规范》规定：评定和检验方法采用统一的许可误差和有效性标准对预报方案进行评定和检验。

洪水预报精度评定包括预报方案精度评定、作业预报的精度等级评定和预报时效的等级评定等。评定的主要项目有洪峰流量（水位）、洪峰出现时间、洪量和洪水过程等。

10.5.1 误差指标

洪水预报的误差指标常采用以下 3 种：

(1) 绝对误差。水文要素的预报值减去实测值为预报误差，其绝对值为绝对误差。多个绝对误差的平均值表示多次预报的平均误差水平。

(2) 相对误差。预报误差除以实测值为相对误差，以百分数表示。多个相对误差的平均值表示多次预报的平均误差水平。

(3) 确定性系数。洪水预报过程与实测过程之间的吻合程度可用确定性系数作为指标。

$$NSE = 1 - \frac{\sum_{i=1}^{N}(Q_{obs,i} - Q_{sim,i})^2}{\sum_{i=1}^{N}(Q_{obs,i} - \overline{Q_{obs}})^2} \qquad (10.5-1)$$

式中：Q_{sim}、Q_{obs} 分别为模拟和实测径流；$\overline{Q_{obs}}$ 为实测径流的算术平均值。NSE 越大表示实测与模拟径流拟合越好，模拟精度越高。

10.5.2　许可误差

许可误差是依据预报精度的使用要求和实际预报技术水平等综合确定的误差允许范围，由于洪水预报方法和预报要素的不同，对许可误差规定亦不同。

（1）洪峰预报许可误差。降雨径流预报以实测洪峰流量的 20% 作为许可误差。河道流量（水位）预报以预见期内实测变幅的 20% 作为许可误差。当流量许可误差小于实测值的 5% 时，取流量实测值的 5% 作为许可误差；当水位许可误差小于实测洪峰流量的 5% 所相应的水位幅度值或小 0.10m 时，则以该值作为许可误差。

（2）峰现时间预报许可误差。以预报根据时间至实测洪峰出现时间之间时距的 30% 为许可误差，并以一个计算时段长或 3h 为下限。

（3）径流深预报许可误差。以实测值的 20% 作为许可误差，且以 20mm 为上限，3mm 为下限。

（4）过程预报许可误差。有两种方法确定许可误差：①取预见期内实测变幅的 20% 作为许可误差。当该流量小于实测值的 5% 时，当水位许可误差小于实测洪峰流量的 5% 所相应的水位幅度值或小 0.10m 时，则以该值作为许可误差。②预见期内最大变幅的许可误差采用变幅均方差 $\sigma\Delta$ 判别，可反映变幅对其均值得偏离程度。变幅为零的许可误差采用 $0.3\sigma\Delta$，其余变幅的许可误差按照上述两值用直线内差法求出。

变幅均方差 $\sigma\Delta$ 可用下式表示：

$$\sigma\Delta = \sqrt{\frac{\sum_{i=1}^{n}(\Delta_i - \overline{\Delta})^2}{n-1}} \tag{10.5-2}$$

式中：Δ_i 为预报要素在预见期内的变幅，m；$\overline{\Delta}$ 为变幅的均值，m；n 为样本个数。

10.5.3　精度评定

《水文情报预报规范》中规定，一次预报的误差小于许可误差时，为合格预报。合格预报次数与预报总次数之比的百分数为合格率，表示多次预报总体的精度水平。合格率按下式计算：

$$QR = \frac{n}{m} \times 100\% \tag{10.5-3}$$

式中：QR 为合格率；n 为合格的预报次数；m 为总的预报次数。

预报项目的精度按照合格率或确定性系数的大小分为 3 个等级，见表 10.5-1。

表 10.5-1　　　　　　　　　　　预报精度等级表

等　　级	甲　级	乙　级	丙　级
合格率 QR/%	$QR \geqslant 85.0$	$85.0 > QR \geqslant 70.0$	$70.0 > DC \geqslant 60.0$
确定性系数 DC	$DC \geqslant 0.90$	$0.90 > DC \geqslant 0.70$	$0.70 > DC \geqslant 0.50$

当一个预报方案包含多个预报项目时，预报方案的合格率为各预报项目合格率的算术平均值。其精度等级仍按预报项目精度等级确定。当主要项目的合格率低于各预报项目合格率的算术平均值时，以主要项目的合格率等级作为预报方案的精度等级。

作业预报精度评定方法与预报方案精度评定方法相同。用预报误差与许可误差之比的百分数作为作业预报精度分级指标。

经精度评定后，洪水预报方案精度达到甲、乙两个等级者，可用于正式发布预报；方案精度达到丙级者，可用于参考性预报；丙级以下者，只能用于参考性预报。

10.6 预报不确定性分析

水文模型的概化给水文模型带来了很大的不确定性因素，包括模型输入的不确定性、模型结构的不确定性、模型参数的不确定性等（图 10.6-1）。

10.6.1 模型输入的不确定性

水文模型输入的是水文气象数据，其不确定性对水文模拟结果有着至关重要的影响。模型输入的不确定性表现在：

（1）水文信息空间随机分布特性与数学期望（均值）的代表性问题。例如雨量，由于降雨信息的空间随机分布的变动性，导致固定雨量站网接受输入信息误差的变动性。

（2）水文信息的时程随机分布特性的均化问题。水文信息的时程变化总是连续的，而计算的采样总是离散的，从而导致信息在时段内的均化，并带来模型计算的误差。

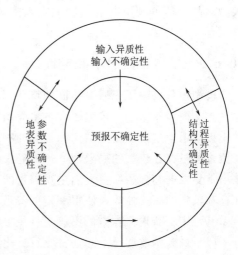

图 10.6-1 水文预报不确定性示意图

（3）凡是用仪器不能测量的水文要素，其误差来源是多方面的。以流量误差为例，目前大都用流速仪测出的断面流速，乘以断面面积而得到流量。把水流速度简化为垂直于断面的一维水流，在不少情况下是粗略的。

（4）一些水文要素至今还缺乏可靠的信息来源。例如流域土壤含水量、表层流、地下径流的划分等。

（5）测量仪器自身的观测误差。

另外，由于人类活动、气候变化的影响，流域下垫面条件及响应都会发生相应的变化，而水文模型的率定是以历史资料为基础的，不可避免地会产生不确定性。对较复杂的模型，在数据资料的选择上，是否较高分辨率，较详细的信息能减少模型的不确定性，目前仍是一个探讨中的问题。

10.6.2 模型结构的不确定性

模型结构是水文预报的核心。它与建模者的知识与经验密切相关。模型结构主要表现为：第一，模型结构的不确定性源于建模者对水文现象认识的不足与数学描述的误差。第二，不同的水文模型考虑的水文机理可能是不一样。以产流为例，一般为蓄满产流和超渗产流模式两种。如果流域较大，跨越不同的气候带，则该流域的产流模式可能两种模式并存。第三，分布式水文模型较传统的概念性降雨径流模型有了很大的进步，它能够提供给我们丰富的流域面上的水流信息，是水文模型发展的必然趋势。但是分布式水文模型的结构相对更复杂，参数更多，在数据资料一定的情况下必然产生更多的不确定性。第四，模型尺度问题是不确定性的又一来源。这一不确定性是由实验室得出的水运动的点方程应用到流域空间尺度产生的。

就水文过程的描述来说，复杂模型比简单模型更有利于研究变化环境对水文水资源的影响，但是复杂模型面对更多的困难，如参数估计和结构率定等。模型并不是越复杂越好，模型的复杂度应该与可用的数据以及研究区域的时空尺度相匹配。复杂模型缺乏稳定性的原因主要是模型的结构不适于提取水文时间序列中的有用信息；而一些参数少的模型虽然不能处理所有的问题但在水文预报中也能取得与参数更多的模型几乎一样好的效果。

10.6.3　模型参数的不确定性

模型参数反映了流域下垫面的特征，因此都应具有一定的物理意义。传统的集总式概念性水文模型忽略了气候因子和下垫面均呈现空间分布不均匀的事实，只能给出空间均化的模拟结果，这必然使其结构和参数的物理意义不明确，使其在模拟现实世界的流域降雨径流过程时存在较大的局限性。这种局限性使得我们采用某些优化算法来解决。而优化算法通常受数据和算法以及人们主观因素的影响，使得水文模型可能出现参数冗余，参数之间存在较强的相关性等，使得率定的参数不唯一，也使得参数的"异参同效现象"（Equifinality）十分普遍。参数的不确定性主要表现在：

（1）目标函数选择不同，将导致优化参数结果不同。

（2）调试系列样本选择不同，优化出来的参数不同。

（3）不同的参数组合可以取得相同或者几乎相同的结果。

由于水文模型参数不确定行的存在，在采用优化算法进行流域水文模型参数优化时，同时可以搜索到几组或很多组不同的参数值，使得模型的目标函数达到几乎一样的水平，即所谓的异参同效现象。异参同效的存在使我们在最后选择一组最优参数时具有很大的不确定性，同时也给水文预报产生的模型输出带来很大的不确定性。近年来水文模型参数及水文预报的不确定问题在国际上得到了广泛和深入的研究，并取得了很大的成果，主要包括 GLUE（generalized likelihood uncertainty estimation）法、BaRE（bayesian recursive estimation）法、马尔科夫链蒙特卡罗（markov chain monte carlo，MCMC）法等。

主 要 参 考 文 献

［1］　曹飞凤．基于 MCMC 方法的概念性流域水文模型参数优选及不确定性研究［D］．浙江大学，2010．

［2］　郭俊，周建中，周超，等．概念性流域水文模型参数多目标优化率定［J］．水科学进展，2012，23（4）：447－456．

［3］　金菊良．遗传算法在水资源工程中的应用研究［D］．成都：四川大学，2000．

［4］　李德龙，程先云，杨浩，等．人工智群算法在水文模型参数优化率定中的应用研究［J］．水利学

报，2013，44（S1）：95-101.

［5］ 李红霞．无径流资料流域的水文预报研究［D］．大连：大连理工大学，2009.

［6］ 武新宇，程春田，赵鸣雁．基于并行遗传算法的新安江模型参数优化率定方法［J］．水利学报，2004（11）：85-90.

［7］ 徐宗学．水文模型［M］．北京：科学出版社，2017.

［8］ 杨晓华．参数优选算法研究及其在水文模型中的应用［D］．南京：河海大学，2002.

［9］ 中华人民共和国国家质量监督检验检疫总局/中国国家标准化管理委员会．水文情报预报规范［M］．北京：中国水利水电出版社，2008.

［10］ Duan Q，Sorooshian S，Cupta H V. Effective and efficient global optimization for conceptual rainfall - runoff models［J］. Water Resouces Research，1992，28（4）：1015-1031.

［11］ Gupta H V，Sorooshian S，Yapo Po. Toward improved calibration of hydrologic models：multiple and noncommensurable measures of information［J］. Water Resources Research，1998，34（4）：751-763.

［12］ Gupta H V，Wagener T，Ciu Y. Reconciling theory with observations：elements of a diagnostic approach to model evaluation［J］. Hydrological Processes，2008，22：3802-3813.

［13］ Madsen H. Automatic calibration of a conceptual rainfall - runoff model using multiple objectives［J］. Journal of Hydrology，2000，235：276-288.

［14］ Madsen H. Automatic calibration of a conceptual rainfall - runoff model using multiple objectives［J］. Journal of Hydrology，2002，235：276-288.

［15］ Parajka J，Blöschl C，Merz R. Regional calibration of catchment models：Potential for ungauged catchments［J］. Water Resources Research，2007，43（6）：W06406.

［16］ Razavi T，Coulibaly P. Streamflow Prediction in Ungauged Basins：Review of Regionalization Methods［J］. Journal of Hydrologic Engineering，2003，18（8）：958-975.

［17］ Sivapalan M. Prediction in ungauged basins：a grand challenge for theoretical hydrology［J］. Hydrological Processes，2003，17：3163-3170.

［18］ Vrugt J A，Gupta H V，Bistidas L A. Effective and efficient algorithm for multiobjective optimization of hydrologic models［J］. Water Resources Research，2003，39（8）：1214.

［19］ Wagener T. Evaluation of catchment models［J］. Hydrological Processes，2003，17：3375-3378.

［20］ Chandrnsena，G，I，et al. Remotely sensed evapotranspiration to calibrate a lumped conceptual model：pitfalls and opportunities［J］. Journal of Hydrology，2004.

［21］ Young A R. Stream flow simulation within UK ungauged catchments using a daily rainfall - runoff model［J］. Journal of Hydrology，2006，320（1-2）：155-172.

［22］ Zhang Y，Chiew F H S，et al. Use of Remotely Sensed Actual Evapotranspiration to Improve Rainfall - Runoff Modeling in Southeast Australia［J］. Journal of Hydrometeorology，2009，10（4）：969-980.

11　实时洪水预报与校正

11.1　实时洪水预报与校正概述

实时洪水预报指的是对将发生的洪水在实际时间进行预报，就目前预报方法而言，实际时间就是观测降雨即时进入数据库的时间。实时洪水预报的基本任务，就是根据采集的实时雨量、蒸发、水位等观测信息，对未来将发生的洪水做出洪水总量、洪峰及发生时间、洪水发生过程等情况的预测。

实时洪水预报要求预报精度尽可能高、预见期尽可能长、受系统环境影响尽可能小和动态跟踪能力尽可能强。特别是流域性洪水预报，流域面积大、范围广、预报点多、流域内暴雨、洪水特点时空变化大，再加上流域资料站点多、信息源复杂，更增加了要达到上述要求的难度。

流域水文模型和洪水预报方案都是在分析历史水文资料基础之上建立起来的，它反映的是流域或河段在当时资料条件下，由资料所代表的流域或河段具体情况下的一般性水文规律。在进行具体的水文作业预报时，有多个方面的原因可能造成作业预报的误差：一方面，历史的流域或河段具体情况与现时情况有或多或少的差异，比如，人类活动会引起流域下垫面发生一些变化，又比如，作业预报时出现过去不曾出现过的较大洪水，这种情况会导致预报值与实测值的系统偏差；另一方面，由于水文现象的复杂性，客观上存在一般性水文规律与具体水文现象特殊性之间的矛盾，这种情况也会导致预报值与实测值的偏差；再者，降雨等观测及空间分布的不一致性等带来的偏差等。

这就需要预报人员在对预报对象水文规律深入认识的基础上，根据现实的具体水情进行分析，分析误差的原因及规律性，对模型预报值进行实时校正。多年实践证明，这对于提高预报精度是至关重要的。

但长期以来，水文预报学科没有理论严密的实时校正方法，大多依靠经验进行处理。自20世纪70年代以后，现代系统理论关于实时预报的理论和方法被引进到水文预报学科中，提高了实时校正的理论基础和预报效果。

洪水预报实时校正技术是指利用实时系统能够获得的观测信息和一切能利用的其他信息对预报误差进行实时校正，以弥补流域水文模型的不足。即根据本步预报之前由模型或预报方案的预报误差所包含的信息，利用系统方法对模型误差进行实时校正。图11.1-1和图11.1-2分别表示利用流域水文模型和模型与实时校正结合进行洪水预报的结构框图。图中 $I(t)$ 和 $Q(t)$ 表示 t 时刻以前实测的模型输入和输出；QQ 表示可供实时校正利用的其他信息；$QC(t+L)$ 表示未经校正的模型模拟结果；$QC'(t+L)$ 表示经校正的模型模拟结果。

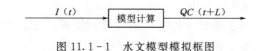

图 11.1-1　水文模型模拟框图

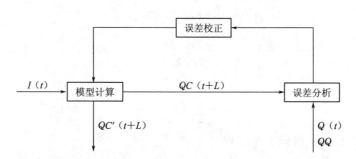

图 11.1-2　实时校正框图

　　实时校正能有效地改善模型的总体预报结果，可以自动跟踪预报对象的变化；采用了系统理论的方法和技术，使依赖于预报人员的经验性"实时校正"技术发展到理论化、自动化水平。尽管如此，也必须指出实时校正对随机误差是无能为力的，预报结果的总体改善并不代表每次预报的效果都能改善，有时可能会出现加大预报误差的情况。多方案预报结果比较和预报人员的经验仍然是作业预报不可忽视的方面。

　　目前实时校正方法可以分为模型误差校正、模型参数校正、模型输入校正、模型状态较正和综合校正 5 类。其中模型误差校正是最常用的方法，常用的误差校正模型包括回归模型、卡尔曼滤波模型、人工神经网络模型等。

11.2　基于回归模型的实时校正

11.2.1　模型原理

　　已知一变量 z 与 m 个因子 φ_1，φ_2，$\cdots$，φ_m 有线性关系：

$$z = \theta_0 + \theta_1\varphi_1 + \theta_2\varphi_2 + \cdots + \theta_m\varphi_m + \varepsilon \qquad (11.2-1)$$

　　式（11.2-1）表示的关系称为 m 元回归模型。记

$$\hat{z} = \theta_0 + \theta_1\varphi_1 + \theta_2\varphi_2 + \cdots + \theta_m\varphi_m \qquad (11.2-2)$$

　　称式（11.2-2）为 m 元回归方程。回归方程中 θ_0，θ_1，θ_2，$\cdots$，θ_m 是回归方程待求的参数，ε 是回归方程计算值 $\hat{z}$ 与回归模型观测值 z 之间的误差，通常认为是随机误差。参数 θ_0，θ_1，θ_2，$\cdots$，θ_m 所有允许的可能取值称为参数空间。回归分析的目的是：在获得回归模型因子 φ_1，φ_2，$\cdots$，φ_m 和观测值 Z 的 n 组观测数据 z_i，$\varphi_{1,i}$，$\varphi_{2,i}$，$\cdots$，$\varphi_{m,i}$（$i=1,2,\cdots,n$）之基础上，在给定的最优准则下寻找回归方程的一组参数 θ_0，θ_1，θ_2，$\cdots$，θ_m，使回归方程的计算值 $\hat{z}$ 与模型观测值 z 在 n 组观测数据间的误差总和最小。

11.2.2 最小二乘法

所谓最小二乘法就是寻求回归方程的一组参数，使其满足回归方程计算值 $\hat{z}$ 与模型观测值 z 在 n 组观测数据间的"误差平方和最小准则"的方法。

现以二元回归分析为例说明最小二乘法的原理。模型为

$$z = \theta_0 + \theta_1 \varphi_1 + \theta_2 \varphi_2 + \varepsilon \tag{11.2-3}$$

观测数据为

$$z_1, \varphi_{1,1}, \varphi_{2,1}$$
$$z_2, \varphi_{1,2}, \varphi_{2,2}$$
$$\cdots$$
$$z_n, \varphi_{1,n}, \varphi_{2,n}$$

代入式（11.2-3）得到 n 个方程：

$$\begin{cases} z_1 = \theta_0 + \theta_1 \varphi_{1,1} + \theta_2 \varphi_{2,1} + \varepsilon_1 \\ z_2 = \theta_0 + \theta_1 \varphi_{1,2} + \theta_2 \varphi_{2,2} + \varepsilon_2 \\ \cdots \\ z_n = \theta_0 + \theta_1 \varphi_{1,n} + \theta_2 \varphi_{2,n} + \varepsilon_n \end{cases} \tag{11.2-4}$$

用矩阵可表示为

$$Z = \Phi \cdot \Theta + E \tag{11.2-5}$$

其中：

$$Z = \begin{bmatrix} z_1 \\ z_2 \\ \vdots \\ z_n \end{bmatrix}, \quad \Phi = \begin{bmatrix} 1 & \varphi_{1,1} & \varphi_{2,1} \\ 1 & \varphi_{1,2} & \varphi_{2,2} \\ \vdots & \vdots & \vdots \\ 1 & \varphi_{1,n} & \varphi_{2,n} \end{bmatrix}, \quad \Theta = \begin{bmatrix} \theta_0 \\ \theta_1 \\ \theta_2 \end{bmatrix}, \quad E = \begin{bmatrix} \varepsilon_1 \\ \varepsilon_2 \\ \vdots \\ \varepsilon_n \end{bmatrix} \tag{11.2-6}$$

式中：Z 为模型输出向量；Φ 为模型观测阵；Θ 为模型参数向量；E 为模型噪声向量。

按误差平方和最小准则有

$$\min \sum_i^n (z_i - \hat{z}_i)^2 = \min \sum_{i=1}^n (z_i - \theta_0 + \theta_1 \varphi_{1,i} + \theta_2 \varphi_{2,i})^2 = \min f(\theta_0, \theta_1, \theta_2) \tag{11.2-7}$$

对函数 $f(\theta_0, \theta_1, \theta_2)$ 求极小值，有

$$\frac{\partial f}{\partial \theta_0} = -2 \sum_{i=1}^n (z_i - \theta_0 + \theta_1 \varphi_{1,i} + \theta_2 \varphi_{2,i}) = 0$$

$$\frac{\partial f}{\partial \theta_1} = -2 \sum_{i=1}^n (z_i - \theta_0 + \theta_1 \varphi_{1,i} + \theta_2 \varphi_{2,i}) \cdot \varphi_{1,i} = 0$$

$$\frac{\partial f}{\partial \theta_2} = -2 \sum_{i=1}^n (z_i - \theta_0 + \theta_1 \varphi_{1,i} + \theta_2 \varphi_{2,i}) \cdot \varphi_{2,i} = 0 \tag{11.2-8}$$

整理后得

$$\sum_{i=1}^{n} z_i = n\theta_0 + \theta_1 \sum_{i=1}^{n} \varphi_{1,i} + \theta_2 \sum_{i=1}^{n} \varphi_{2,i}$$

$$\sum_{i=1}^{n} z_i \varphi_{1,i} = \theta_0 \sum_{i=1}^{n} \varphi_{1,i} + \theta_1 \sum_{i=1}^{n} \varphi_{1,i}^2 + \theta_2 \sum_{i=1}^{n} \varphi_{1,i} \cdot \varphi_{2,i}$$

$$\sum_{i=1}^{n} z_i \varphi_{2,i} = \theta_0 \sum_{i=1}^{n} \varphi_{2,i} + \theta_1 \sum_{i=1}^{n} \varphi_{1,i} \cdot \varphi_{2,i} + \theta_2 \sum_{i=1}^{n} \varphi_{2,i}^2 \qquad (11.2-9)$$

式（11.2-9）称为正规方程组，其矩阵表示式为

$$\begin{bmatrix} 1 & 1 & \cdots & 1 \\ \varphi_{1,1} & \varphi_{1,2} & \cdots & \varphi_{1,n} \\ \varphi_{2,1} & \varphi_{2,1} & \cdots & \varphi_{1,n} \end{bmatrix} \cdot \begin{bmatrix} z_1 \\ z_2 \\ \vdots \\ z_n \end{bmatrix} = \begin{bmatrix} 1 & 1 & \cdots & 1 \\ \varphi_{1,1} & \varphi_{1,2} & \cdots & \varphi_{1,n} \\ \varphi_{2,1} & \varphi_{2,1} & \cdots & \varphi_{2,n} \end{bmatrix} \cdot \begin{bmatrix} 1 & \varphi_{1,1} & \varphi_{2,1} \\ 1 & \varphi_{1,2} & \varphi_{2,2} \\ \vdots & \vdots & \vdots \\ 1 & \varphi_{1,n} & \varphi_{2,n} \end{bmatrix} \cdot \begin{bmatrix} \theta_0 \\ \theta_1 \\ \theta_2 \end{bmatrix}$$

$$(11.2-10)$$

或用矩阵符号写作：

$$\Phi^{\mathrm{T}} \cdot Z = \Phi^{\mathrm{T}} \cdot \Phi \cdot \Theta \qquad (11.2-11)$$

两边左乘矩阵 $[\Phi^{\mathrm{T}} \cdot \Phi]^{-1}$ 得到最小二乘解

$$\Theta = [\Phi^{\mathrm{T}} \cdot \Phi]^{-1} \Phi^{\mathrm{T}} Z \qquad (11.2-12)$$

　　许多水文预报方案都可以转化或者表达为式（11.2-1）的线性模型，从而可应用最小二乘法估计方案的参数。

11.2.3　递推最小二乘法

　　在系统运行中时，每增加一组新观测数据，从信息论角度看，可以认为对系统的认识增加了新的信息，将新观测数据加入历史数据中就可望获得系统参数更精确的估计。如果仍用离线识别方法就需用全部数据对式（11.2-1）重新进行一次计算，不仅计算工作量成倍增加，还需把历史数据全部保存起来。当系统运行时间较长后，由于式（11.2-1）的维数很大，矩阵求逆，矩阵相乘运算的计算规模成倍增加，有可能超出计算机的计算能力而使系统不能运行，或是因需要计算较长时间而失去实时跟踪系统变化的目的。为解决这一问题，系统学者研制出了系统参数在线最小二乘识别算法，即递推最小二乘法（在线最小二乘识别）。

　　设 $m+1$ 维系统在运行 n 步后，其模型输出向量、观测阵、参数向量、噪声向量为

$$Z_n = \begin{bmatrix} z_1 \\ z_2 \\ \vdots \\ z_n \end{bmatrix}, \; \Phi_n = \begin{bmatrix} \varphi_{0,1} & \varphi_{1,1} & \cdots & \varphi_{m,1} \\ \varphi_{0,2} & \varphi_{1,2} & \cdots & \varphi_{m,2} \\ \vdots & \vdots & \vdots & \vdots \\ \varphi_{0,n} & \varphi_{1,n} & \cdots & \varphi_{m,n} \end{bmatrix}, \; \Theta_n = \begin{bmatrix} \theta_0 \\ \theta_1 \\ \vdots \\ \theta_m \end{bmatrix}, \; E_n = \begin{bmatrix} \varepsilon_0 \\ \varepsilon_1 \\ \vdots \\ \varepsilon_n \end{bmatrix} \qquad (11.2-13)$$

　　现推导不增加矩阵运算规模的寻求 $n+1$ 步系统参数向量 Θ_{n+1} 的递推最小二乘算法。记

$$\Psi_j = \begin{bmatrix} \varphi_{0,j} & \varphi_{1,j} & \cdots & \varphi_{m,j} \end{bmatrix} \qquad (11.2-14)$$

为观测阵的行向量，令

$$P_n = [\Phi_n{}^T \cdot \Phi_n]^{-1} \tag{11.2-15}$$

当获得第 $n+1$ 步观测数据

$$z_{n+1}, \Psi_{n+1} = [\varphi_{0,n+1} \quad \varphi_{1,n+1} \quad \cdots \quad \varphi_{m,n+1}] \tag{11.2-16}$$

采用矩阵分块记法，系统 $n+1$ 步的观测阵 Φ_{n+1} 可写作

$$\Phi_{n+1} = \left[\begin{matrix} \Phi_n \\ \Psi_{n+1} \end{matrix}\right] \tag{11.2-17}$$

首先推导矩阵 P_{n+1} 的递推式。按定义有

$$P_{n+1} = (\Phi_{n+1}{}^T \cdot \Phi_{n+1})^{-1} = \left(\left[\begin{matrix} \Phi_n \\ \Psi_{n+1} \end{matrix}\right]^T \cdot \left[\begin{matrix} \Phi_n \\ \Psi_{n+1} \end{matrix}\right]\right)^{-1} = \left(\left[\begin{matrix} \Psi_1 \\ \Psi_2 \\ \vdots \\ \Psi_{n+1} \end{matrix}\right]^T \cdot \left[\begin{matrix} \Psi_1 \\ \Psi_2 \\ \vdots \\ \Psi_{n+1} \end{matrix}\right]\right)^{-1}$$

$$= \left([\Psi_1^T \quad \Psi_2^T \quad \cdots \quad \Psi_{n+1}^T] \cdot \left[\begin{matrix} \Psi_1 \\ \Psi_2 \\ \vdots \\ \Psi_{n+1} \end{matrix}\right]\right)^{-1} = \left([\Phi_n^T \mid \Psi_{n+1}^T] \cdot \left[\begin{matrix} \Phi_n \\ \Psi_{n+1} \end{matrix}\right]\right)^{-1}$$

$$= [\Phi_n^T \cdot \Phi_n + \Psi_{n+1}^T \cdot \Psi_{n+1}]^{-1} \tag{11.2-18}$$

即

$$P_{n+1} = [P_n^{-1} + \Psi_{n+1}^T \cdot \Psi_{n+1}]^{-1} \tag{11.2-19}$$

利用矩阵运算公式：

$$[A + B \cdot C^T]^{-1} = A^{-1} + A^{-1} \cdot B \cdot [I + C^T \cdot A^{-1} \cdot B]^{-1} \cdot C^T \cdot A^{-1} \tag{11.2-20}$$

令

$$A = P_n^{-1}, B = \Psi_{n+1}^T, C^T = \Psi_{n+1} \tag{11.2-21}$$

代入式（11.2-20），得到

$$P_{n+1} = P_n - P_n \Psi_{n+1}^T \cdot (1 + \Psi_{n+1} P_n \Psi_{n+1}^T)^{-1} \Psi_{n+1} P_n$$
$$= P_n - P_n \Psi_{n+1}^T \cdot \gamma_n \cdot \Psi_{n+1} P_n \tag{11.2-22}$$

现在推求 $n+1$ 步的参数向量，按最小二乘公式（11.2-12），有

$$\Theta_{n+1} = [\Phi_{n+1}^T \cdot \Phi_{n+1}]^{-1} \cdot \Phi_{n+1}^T \cdot Z_{n+1} = P_{n+1}\left[\begin{matrix} \Phi_n \\ \Psi_{n+1} \end{matrix}\right]^T \cdot \left[\begin{matrix} Z_n \\ z_{n+1} \end{matrix}\right]$$

$$= P_{n+1}[\Phi_{n+1}^T \quad \mid \quad \Psi_{n+1}^T] \cdot \left[\begin{matrix} Z_n \\ z_{n+1} \end{matrix}\right] = P_{n+1}[\Phi_{n+1}^T \cdot Z_n + \Psi_{n+1}^T \cdot z_{n+1}]$$

$$= (P_n - P_n \Psi_{n+1}^T \cdot \gamma_n \cdot \Psi_{n+1} P_n) \cdot (\Phi_n^T \cdot Z_n + \Psi_{n+1}^T \cdot z_{n+1})$$

$$= P_n \Phi_n^T Z_n - P_n \Psi_{n+1}^T \cdot \gamma_n \cdot \Psi_{n+1} P_n \Phi_n^T Z_n + P_n \Psi_{n+1}^T z_{n+1} - P_n \Psi_{n+1}^T \cdot \gamma_n \cdot \Psi_{n+1} P_n \Psi_{n+1}^T z_{n+1}$$

$$= \Theta_n - P_n \Psi_{n+1}^T \cdot \gamma_n \cdot \Psi_{n+1} \Theta_n + P_n \Psi_{n+1}^T \cdot (1 - \gamma_n \cdot \Psi_{n+1} P_n \Psi_{n+1}^T) z_{n+1} \tag{11.2-23}$$

注意到：

$$\gamma_n = (1 + \Psi_{n+1} P_n \Psi_{n+1}^T)^{-1} \Leftrightarrow \gamma_n^{-1} = 1 + \Psi_{n+1} P_n \Psi_{n+1}^T \Rightarrow \gamma_n^{-1} - 1 = \Psi_{n+1} P_n \Psi_{n+1}^T$$

$$\tag{11.2-24}$$

则式 (11.2-23) 可进一步写作:

$$\begin{aligned}
\Theta_{n+1} &= \Theta_n - P_n \Psi_{n+1}^{\mathrm{T}} \cdot \gamma_n \cdot \Psi_{n+1} \Theta_n + P_n \Psi_{n+1}^{\mathrm{T}} \cdot [1 - \gamma_n \cdot (\gamma_n^{-1} - 1)] \cdot z_{n+1} \\
&= \Theta_n - P_n \Psi_{n+1}^{\mathrm{T}} \cdot \gamma_n \cdot \Psi_{n+1} \Theta_n + P_n \Psi_{n+1}^{\mathrm{T}} \cdot \gamma_n \cdot z_{n+1} \\
&= \Theta_n - P_n \Psi_{n+1}^{\mathrm{T}} \cdot \gamma_n \cdot (\Psi_{n+1} \Theta_n + z_{n+1})
\end{aligned} \tag{11.2-25}$$

此即递推最小二乘公式,它只需保存 n 步计算的 n 维矩阵和 n 维向量,加入新的观测数据即可进行下一步计算,无须做矩阵求逆,也不涉及 $n+1$ 维矩阵乘法,计算量很小。

11.2.4 渐消记忆的最小二乘递推算法

11.2.4.1 问题的提出

最小二乘的递推算法是基于这样一个策略:过程进行中的全部被测数据具有相同的权。用等权的原因是假定系统为线性定常系统,参数保持不变。所以,最新的数据与老的数据对未知参数值将提供同样好的信息。这种信息取用方式称为增长记忆方式。按增长记忆方式所得的信息进行参数估计,称为增长记忆估计。然而,当系统为线性时变时,系统动态特性将随时间而变化。最新的观测数据才真正能反映出对象当前的特性,而历史的数据已不能反映现时对象的特性。因而,需要找到一个合适的算法,使系统能够跟踪时变参数的变动而估计出这些参数。

对一个时变系统,由于过程具有时变的特性,自然地会想到,当前的观测数据最能反映被识对象当前的动态特性,数据越"老",它偏离当前对象特性的可能性越大。因此,为了反映被识对象的当前特性,就要充分重视当前的数据而将"过时的""陈旧的"数据逐渐"遗忘"掉。显然,这就是加权的概念。本节所介绍的一种实时算法是对增长记忆算法的一个简单修改,即在作递推计算时,通过对数据的加权,人为地突出当前数据的作用。具体的做法是:每当取得一个新的测量数据,就将以前的所有数据乘上一个小于1的加权因子 λ,即 $0 < \lambda < 1$。

11.2.4.2 渐消记忆最小二乘估计的递推算法

在 m 次观测的基础上,当又增加一次新的观测时,则

$$Y_{m+1} = \begin{bmatrix} \lambda Y_m \\ \vdots \\ y(m+1) \end{bmatrix} \tag{11.2-26}$$

$$X_{m+1} = \begin{bmatrix} \lambda X_m \\ \vdots \\ x^{\mathrm{T}}(m+1) \end{bmatrix} \tag{11.2-27}$$

将上述关系式代入最小二乘参数估计的递推公式中:

$$\begin{aligned}
P(m+1) &= (X_{m+1}^{\mathrm{T}} X_{m+1})^{-1} \\
&= \left\{ [\lambda X_m^{\mathrm{T}} \cdots X(m+1)] \begin{bmatrix} \lambda X_m \\ \vdots \\ x^{\mathrm{T}}(m+1) \end{bmatrix} \right\}^{-1} \\
&= [\lambda^2 X_m^{\mathrm{T}} X_m + X(m+1) X^{\mathrm{T}}(m+1)]^{-1} \\
&= [\lambda^2 P_m^{-1} + X(m+1) X^{\mathrm{T}}(m+1)]^{-1}
\end{aligned} \tag{11.2-28}$$

根据矩阵求逆引理：

引理：若 A、$A+BC^{\mathrm{T}}$ 和 $I+C^{\mathrm{T}}A^{-1}B$ 都是满秩矩阵，则有下面的矩阵恒等式成立：

$$(A+BC^{\mathrm{T}})^{-1}=A^{-1}-A^{-1}B(I+C^{\mathrm{T}}A^{-1}B)^{-1}C^{\mathrm{T}}A^{-1}$$

则式（11.2-28）可化为

$$P(m+1)=\frac{1}{\lambda^2}P(m)-\frac{1}{\lambda^4}P(m)X(m+1)[I+X^{\mathrm{T}}(m+1)\frac{1}{\lambda^2}P(m)X(m+1)]^{-1}X^{\mathrm{T}}(m+1)p(m)$$

$$=\frac{1}{\lambda^2}\{I-P(m)X(m+1)[\lambda^2+X^{\mathrm{T}}(m+1)P(m)X(m+1)]^{-1}X^{\mathrm{T}}(m+1)\}P(m)$$

$$(11.2-29)$$

$$X_{m+1}^{\mathrm{T}}Y_{m+1}=\begin{bmatrix}\lambda X_m\\\vdots\\x^{\mathrm{T}}(m+1)\end{bmatrix}^{\mathrm{T}}\begin{bmatrix}\lambda Y_m\\\vdots\\y(m+1)\end{bmatrix}$$

$$=\lambda^2[X_m{}^{\mathrm{T}}Y_m+X(m+1)y(m+1)]$$

$$=\lambda^2 P^{-1}(m)\hat{\theta}(m)+X(m+1)y(m+1)\qquad(11.2-30)$$

将式（11.2-28）中 $P(m+1)$ 和式（11.2-30）中 $X_{m+1}{}^{\mathrm{T}}Y_{m+1}$ 代入下式

$$\hat{\theta}(m+1)=P(m+1)X_{m+1}{}^{\mathrm{T}}Y_{m+1}$$

$$=P(m+1)[\lambda^2 P^{-1}(m)\hat{\theta}(m)+X(m+1)y(m+1)]$$

$$=P(m+1)\{[P^{-1}(m+1)-X(m+1)X^{\mathrm{T}}(m+1)]\hat{\theta}(m)+X(m+1)y(m+1)\}$$

$$=\hat{\theta}(m)+P(m+1)X(m+1)[y(m+1)-X^{\mathrm{T}}(m+1)\hat{\theta}(m)]$$

$$=\hat{\theta}(m)+K(m+1)[y(m+1)-X^{\mathrm{T}}(m+1)\hat{\theta}(m)]\qquad(11.2-31)$$

将式（11.2-29）代入 $K(m+1)=P(m+1)X(m+1)$ 得

$$K(m+1)=P(m+1)X(m+1)$$

$$=\frac{1}{\lambda^2}\{P(m)-P(m)X(m+1)[\lambda^2+X^{\mathrm{T}}(m+1)P(m)$$

$$\cdot X(m+1)]^{-1}X^{\mathrm{T}}(m+1)p(m)\}X(m+1)$$

$$=P(m)X(m+1)[\lambda^2+X^{\mathrm{T}}(m+1)p(m)X(m+1)]^{-1}$$

$$(11.2-32)$$

将式（11.2-32）代入式（11.2-29）得

$$P(m+1)=\frac{1}{\lambda^2}[I-K(m+1)X^{\mathrm{T}}(m+1)]P(m)\qquad(11.2-33)$$

综上所述，渐消记忆最小二乘的递推算法可归纳如下：

$$\hat{\theta}(m+1)=\hat{\theta}(m)+K(m+1)[y(m+1)-X^{\mathrm{T}}(m+1)\hat{\theta}(m)]K(m+1)$$

$$=P(m)X(m+1)[\lambda^2+X^{\mathrm{T}}(m+1)P(m)X(m+1)]^{-1}\qquad(11.2-34)$$

$$P(m+1)=\frac{1}{\lambda^2}[I-K(m+1)X^{\mathrm{T}}(m+1)]P(m)$$

令 $\mu=\lambda^2$，则 $0<\mu<1$。

选择不同的 μ（即不同的 λ）就得到不同的加权效果。μ 越小，表示将过去的数据"遗忘"

的越快，或者说记忆越短，所以称 μ 为"遗忘因子"。引进遗忘因子 μ 意味着老的数据逐渐从记忆中消失。因此式（11.2-34）组成了一组以幂指数为权的递推最小二乘算法。在实际工作中，根据对被识对象的时变特性的认识，选择适当的 μ 值，或者通过实验，分析比较后选择 μ 值。

11.2.5 具有可变遗忘因子的递推最小二乘算法

11.2.5.1 问题的提出

洪水系统属于时变系统，且时变规律并非恒定。系统有时变化快（如涨洪段），有时变化慢（如落洪段），有时还可能有突然变化（如峰顶段）。对于这类时变系统，若选择恒定不变的遗忘因子，不能获得满意的结果，要对遗忘因子不断进行修正，以跟踪系统的不断变化。例如，当系统有突然变化时，选择较小的遗忘因子。总之，随着系统动态特性的变化，遗忘因子应能自动进行调整。

11.2.5.2 具有可变遗忘因子的递推算法

具有可变遗忘因子的递推最小二乘法计算式如下：

增益矩阵 $K(m+1)=P(m)X(m+1)[1+X^{T}(m+1)P(m)X(m+1)]^{-1}$ (11.2-35)

协方差阵 $P(m+1)=[p(m)-K(m+1)X^{T}(m+1)]P(m)/\mu(m)$ (11.2-36)

参数估计 $\hat{\theta}(m+1)=\hat{\theta}(m)+K(m+1)[Y(m+1)-X^{T}(m+1)\hat{\theta}(m)]$ (11.2-37)

可变遗忘因子 $\mu(m+1)=1-[1-X^{T}(m+1)K(m+1)e(m+1)^{2}]/R$ (11.2-38)

预报残差 $e(m+1)=Y(m+1)-X^{T}(m+1)\hat{\theta}(m+1)$ (11.2-39)

式中：R 为误差的加权平方和，可根据量测噪声方差的值进行选取。

具体算法如下：

（1）给定初值 $\theta(0)$、$P(0)$、R。

（2）置 $m=0$。

（3）预测 $\hat{Y}(m+1)=X^{T}(m+1)\theta(m)$。

（4）进行第 $m+1$ 次采样得 $Y(m+1)$。

（5）计算预报残差 $e(m+1)=Y(m+1)-X^{T}(m+1)\theta(m+1)$。

（6）计算增益矩阵 $K(m+1)=P(m)X(m+1)[1+X^{T}(m+1)P(m)X(m+1)]^{-1}$。

（7）计算遗忘因子 $\mu(m+1)=1-[1-X^{T}(m+1)K(m+1)]e(m+1)^{2}/R$。

（8）计算协方差阵 $P(m+1)=[P(m)-K(m+1)X^{T}(m+1)P(m)]/\mu(m+1)$。

（9）修正参数估计 $\theta(m+1)=\theta(m)+K(m+1)[Y(m+1)-X^{T}(m+1)\theta(m)]$。

当 $\mu(m+1)\leqslant\mu_{min}$ 时，$\mu(m+1)=\mu_{min}$。

（10）$m+1 \rightarrow m$，转到（3）。

11.3 基于卡尔曼滤波模型的实时校正

11.3.1 模型原理

卡尔曼滤波理论由匈牙利数学家卡尔曼（R·E·Kalman）于 20 世纪 60 年代初期提

出，当时主要用于通信和自动控制。70 年代中期，开始引入实时洪水预报方面，对提高洪水预报精度起到了良好作用。卡尔曼滤波是根据对水文系统建立的状态方程和观测方程，采用线性递推的算法进行实时预报的。即由现时段的预报值和获得的观测资料作滤波计算，然后预报下一时段的系统状态；待下一时段的观测值出现后，再滤波，再预报下下个时段的状态，如此连续循环滤波和预报。

通俗来说，卡尔曼滤波就是一种最优化自回归数据处理算法。

11.3.1.1 状态方程

一个流域或一个河段，都可看作是由输入、系统作用和输出组成的一个水文系统。系统的基本特征是它的状态、输入、输出和干扰。在任意时刻 t_0，对某一给定的输入信息，能够唯一决定在未来时刻（$t > t_0$）的系统状态的一组最小数目的信息变量，称为系统的状态变量。状态变量所组成的向量 $X = (x_1, x_2, \cdots, x_n)^T$ 称为状态向量。

系统的状态在不断变化，当它在 t 时刻的状态唯一地由 t_0 时刻（$\leqslant t$）的状态和时间区间 $[t_0, t]$ 上已知的输入信息所决定，与 t_0 前的输入和状态无关时，其动态特性可用下述的系统状态方程和观测方程来完整地表达。

对于离散的线性系统，第 $k+1$ 时段的系统状态方程可表示为

$$X(k+1) = \Phi(k)X(k) + B(k)U(k) + \Gamma(k)W(k) \qquad (11.3-1)$$

式中：k 为计算时段序号；$X(k)$、$X(k+1)$ 为分别为 k、$k+1$ 时刻系统的 n 维状态向量，如水位、流量等；$U(k)$ 为 k 时段外界环境对系统的输入，是已知的 p 维确定性向量，如河段的上断面和区间入流；$W(k)$ 为 k 时刻的系统噪声，是 r 维随机向量，如流域水文模型的误差；$\Phi(k)$ 为系统由 k 时刻状态转变为 $k+1$ 时刻状态的 $n \times n$ 维状态转移矩阵；$B(k)$ 为 k 时段的 $n \times p$ 维矩阵，称输入分配矩阵；$\Gamma(k)$ 为 $n \times r$ 维矩阵，称系统噪声分配矩阵。

系统状态方程可以根据系统构造特点和变化规律确定，它体现系统后来的状态与前面的状态及输入变量间的联系。若不考虑外部控制，则状态方程为

$$X(k+1) = \Phi(k)X(k) + \Gamma(k)W(k) \qquad (11.3-2)$$

11.3.1.2 观测方程

对离散的线性系统，k 时刻的观测方程可表示为

$$Y(k) = H(k)X(k) + V(k) \qquad (11.3-3)$$

式中：$Y(k)$ 为 m 维观测向量，为 k 时刻对系统的观测值；$V(k)$ 为 k 时刻 m 维随机向量，反映观测误差，称观测噪声；$H(k)$ 为 $m \times n$ 维矩阵，称观测矩阵。由此矩阵实现从状态向量 $X(k)$ 向观测向量 $Y(k)$ 的转换。

不论是系统噪声或是观测噪声，当用一个特定的随机过程描述时，它们的特性就由随机过程（如预报误差组成的序列）的统计特性所反映，如序列的均值、方差、协方差等。在卡尔曼滤波中，一般假定 $W(k)$、$V(k)$ 为互不相关的白噪声。当噪声序列具有零均值和常数方差时，称之为白噪声。故有

$$E[W(k)] = 0$$
$$E[V(k)] = 0$$

$$\text{Cov}[W(k) \cdot W(k+1)] = E[W(k)WT(k+1)] = Q\delta_{i,j}$$
$$\text{Cov}[V(k) \cdot V(k+1)] = E[V(k)V^T(k+1)] = R\delta_{i,j}$$

式中：$E[W(k)]$、$E[V(k)]$分别为$W(k)$和$V(k)$的系列均值；$\text{Cov}[W(k) \cdot W(k+1)]$、$\text{Cov}[V(k) \cdot V(k+1)]$分别为序列$W(k)$、$V(k)$滞时为一个时段的协方差；$Q$、$R$分别为序列$W(k)$、$V(k)$的方差；$\delta_{i,j}$称克罗内克函数，具有如下性质：

$$\delta_{i,j} = \begin{cases} 1 & i=j \\ 0 & i \neq j \end{cases}$$

这里只讨论$W(k)$、$V(k)$为白噪声的卡尔曼滤波。

现就系统状态方程和观测方程的建立，举例如下。

设由一个自回归模型模拟某站的流量过程$Q(k)$：

$$Q(k+1) = aQ(k) + bQ(k-1) + cQ(k-2) + W(k+1)$$

式中：a、b、c为模型参数，已用最小二乘法离线识别出为$a=0.43$，$b=0.28$，$c=0.30$，$W(k+1)$为系统噪声。离线识别，是指用过去的资料，在建立预报模型时优化确定的参数；在线识别参数，则是指作业预报过程中，随着观测的不断积累，不断地优化模型参数，这种情况下的参数随时在改变，故称为时变参数。

令状态向量为

$$X(k+1) = \begin{bmatrix} Q(k+1) \\ Q(k) \\ Q(k-1) \end{bmatrix}; \quad X(k) = \begin{bmatrix} Q(k) \\ Q(k-1) \\ Q(k-2) \end{bmatrix}$$

则由式（11.3-1）得系统的状态方程为

$$X(k+1) = \Phi X(k) + \Gamma W(k+1)$$

其中的Φ、Γ分别为

$$\Phi = \begin{bmatrix} 0.43 & 0.28 & 0.30 \\ 1 & 0 & 0 \\ 0 & 1 & 2 \end{bmatrix} \quad \Gamma = \begin{bmatrix} 1 \\ 0 \\ 0 \end{bmatrix}$$

因k时刻的$Q(k)$、$Q(k-1)$已经测得，故它们的系统噪声项均为零。

可以得到

$$\begin{bmatrix} Q(k+1) \\ Q(k) \\ Q(k-1) \end{bmatrix} = \begin{bmatrix} 0.43 & 0.28 & 0.30 \\ 1 & 0 & 0 \\ 0 & 1 & 1 \end{bmatrix} \begin{bmatrix} Q(k) \\ Q(k-1) \\ Q(k-2) \end{bmatrix} + \Gamma W(k+1)$$

$$= \begin{bmatrix} 0.43 \times Q(k) + 0.28 \times Q(k-1) + 0.3 \times Q(k-2) \\ Q(k) \\ Q(k-1) \end{bmatrix} + \Gamma W(k+1)$$

考虑观测误差的存在，k时刻对系统状态Q的观测方程为

$$y(k) = Q(k) + v(k)$$

其向量形式为

$$Y(k) = HX(k) + V(k)$$

其中
$$Y(k) = y(k), \ Q(k) = HX(k), \ V(k) = v(k)$$
$$H = \begin{bmatrix} 1 & 0 & 0 \end{bmatrix}$$

11.3.2 卡尔曼滤波方程

11.3.2.1 滤波方程的推导

卡尔曼滤波也称最优滤波，是指已知初始状态 $X(0)$ 和式（11.3 - 3）观测方程的输出序列 $\{Y(k)\}$，推求出状态最优滤波估计值 $\widetilde{X}(k/k)$，使得估计的状态变量误差

$$\widetilde{X}(k/k) = \hat{x}(k/k) - X(k) \tag{11.3 - 4}$$

为无偏最小方差估计，以尽可能排除噪声 $W(k)$、$V(k)$ 的影响。式中 $X(k)$ 为状态变量的真值。

设已由 $\widetilde{X}(0)$、$Y(1)$、$Y(2)$、…、$Y(k-1)$ 求得状态 $X(k)$ 的预报值 $\hat{x}(k/k-1)$，要求计算在时刻 k 考虑新观测值 $Y(k)$ 情况下的状态最优滤波估计值 $\hat{x}(k/k)$。由于 $\hat{x}(k/k-1)$ 和 $Y(k)$ 都含有误差，也都有正确的一面，因此设想将二者加权平均，尽可能多地提取正确的信息，来构成一个最优滤波线性估计，即

$$\hat{x}(k/k) = K'(k)\hat{x}(k/k-1) + K(k)Y(k) \tag{11.3 - 5}$$

式中：$K'(k)$ 和 $K(k)$ 为待定的时变权重矩阵，将由无偏最小方差估计的要求确定。

设状态的滤波估计误差为式（11.3 - 4），预报误差则为

$$\widetilde{X}(k/k-1) = \hat{x}(k/k-1) - X(k) \tag{11.3 - 6}$$

将式（11.3 - 5）代入式（11.3 - 4），得

$$\widetilde{X}(k/k) = K'(k)\hat{x}(k/k-1) + K(k)Y(k) - X(k)$$

将式（11.3 - 3）代入，得

$$\widetilde{X}(k/k) = K'(k)\hat{x}(k/k-1) + K(k)[H(k)X(k) + V(k)] - X(k)$$

由式（11.3 - 6）知 $\hat{x}(k/k-1) = \widetilde{X}(k/k-1) + X(k)$，代入上式并化简得

$$\widetilde{X}(k/k) = [K'(k) + K(k)H(k) - I]X(k) + K'(k)\widetilde{X}(k/k-1) + K(k)V(k)$$
$$\tag{11.3 - 7}$$

式中：I 为单位矩阵。

由观测噪声为白噪声知，$E[V(k)] = 0$，这样要使估计值 $\hat{x}(k/k)$ 是无偏的，只需使 $[K'(k) + K(k)H(k) - I] = 0$，即 $E[\widetilde{X}(k/k)] = 0$，由此得

$$K'(k) = I - K(k)H(k) \tag{11.3 - 8}$$

代入式（11.3 - 5）得

$$\hat{x}(k/k) = [I - K(k)H(k)]\hat{x}(k/k-1) + K(k)Y(k) \tag{11.3 - 9}$$

亦是

$$\hat{x}(k/k) = \hat{x}(k/k-1) + K(k)[Y(k) - H(k)\hat{x}(K/k-1)] \tag{11.3 - 10}$$

相应的估计误差为

$$\widetilde{X}(k/k) = [I - K(k)H(k)]X(k/k-1) + K(k)V(k) \tag{11.3 - 11}$$

式（11.3 - 9）、式（11.3 - 10）中仅有一个待定的权重系数矩阵 $K(k)$，称之为卡尔曼滤

波增益（矩阵）（它实质意义为加权的权重）。式（11.3 - 10）中的因子$[Y(k)-H(k)\hat{x}(k/k-1)]$是预报残差，称滤波新息$\nu(k)$，即

$$\nu(k)=Y(k)-H(k)\hat{x}(k/k-1) \tag{11.3-12}$$

这是因为$k-1$时刻作预报时，$\nu(k)$尚未知，要到有了新的观测信息$Y(k)$之后，才能定出$\nu(k)$，故称新息。式（11.3 - 10）的意义是，滤波值等于预报值加一修正项，该修正项由预报残差乘增益矩阵构成。当观测值没有误差时，则$V(k)=0$，$K(k)=1$，$\hat{x}(k/k)=Y(k)$；当观测值误差很大时，则$K(k)\rightarrow0$，$\hat{x}(k/k)=\hat{x}(k/k-1)$。

现在进一步由最小方差的要求确定增益矩阵$K(k)$。记$X(k/k)$的估计误差$X(k/k)$的协方差矩阵为$P(k/k)$，由定义知：

$$P(k/k)=E[\widetilde{X}(k/k)\widetilde{X}^\mathrm{T}(k/k)] \tag{11.3-13}$$

将式（11.3 - 11）中的$\widetilde{X}(k/k)$代入式（11.3 - 13），同时注意到$E[\widetilde{X}(k/k-1)V^\mathrm{T}(k)]=0$，$E[V(k)\widetilde{X}^\mathrm{T}(k/k-1)]=0$，得$P(k/k)$的表达式：

$$P(k/k)=[I-K(k)H(k)]E[\widetilde{X}(k/k-1)\widetilde{X}^\mathrm{T}(k/k-1)]$$
$$[I-K(k)H(k)]^\mathrm{T}+K(k)E[V(k)V^\mathrm{T}(k)]K^\mathrm{T}(k) \tag{11.3-14}$$

由定义知：

$$R=E[V(k)V^\mathrm{T}(k)]$$
$$P(k/k-1)=E[\widetilde{X}(k/k-1)\widetilde{X}^\mathrm{T}(k/k-1)]$$

故得

$$P(k/k)=[I-K(k)H(k)]P(k/k-1)[I-K(k)H(k)]^\mathrm{T}+K(k)RK^\mathrm{T}(k)$$
$$\tag{11.3-15}$$

求最优滤波值$\hat{x}(k/k)$，即在无偏估计基础上，选择$K(k)$使$P(k/k)$达极小。由矩阵极小值原理，应选择$K(k)$使

$$J=Trace[P(k/k)]=\min$$

式中：Trace为矩阵的迹，即矩阵对角线各元素之和。再根据函数求极值的原理，使

$$\frac{\partial J}{\partial K^\mathrm{T}(k)}=0$$

可解得最优滤波估计值$\hat{x}(k/k)$的增益阵$K(k)$最优值为

$$K(k)=P(k/k-1)H^\mathrm{T}(k)[H(k)P(k/k-1)H^\mathrm{T}(k)+R]^{-1} \tag{11.3-16}$$

将式（11.3 - 16）代入式（11.3 - 15），得最优滤波的$P(k/k)$为

$$P(k/k)=[I-K(k)H(k)]P(k/k-1) \tag{11.3-17}$$

以上主要讨论了在观测值$Y(k)$观测到之后，如何推求出状态的最优滤波估计值$\hat{x}(k/k)$及其估计误差的协方差阵$P(k/k)$。下面研究状态预报的滤波估计问题。将式（11.3-6）的$X(k+1)$及$X(k)$，即

$$X(k+1)=\hat{x}(k+1/k)-\widetilde{X}(k+1/k)$$

$$X(k)=\hat{x}(k/k)-\widetilde{X}(k/k)$$

代入式（11.3-2），并取期望值，且注意到 $E[\widetilde{X}(k+1/k)]=0$，$E[\widetilde{X}(k/k)]=0$，$E[W(k)]=0$，可得状态预报的递推算式为

$$\hat{x}(k+1/k)=\Phi(k+1)\hat{x}(k/k)+B(k+1)U(k+1) \qquad (11.3-18)$$

将上式减去式（11.3-2），得预报误差 $\widetilde{X}(k+1/k)$ 为

$$\widetilde{X}(k+1/k)=\Phi(k+1)\widetilde{X}(k/k)+\Gamma(k+1)W(k+1) \qquad (11.3-19)$$

由上式可导出 $P(k+1/k)$ 为

$$P(k+1/k)=E[X(k+1/k)\widetilde{X}^{\mathrm{T}}(k+1/k)]$$
$$=\Phi(k+1)P(k/k)\Phi^{\mathrm{T}}(k+1)+\Gamma(k+1)Q\Gamma^{\mathrm{T}}(k+1)$$
$$(11.3-20)$$

至此，推导出了卡尔曼滤波的全部递推方程，这就是式（11.3-18）、式（11.3-20）、式（11.3-9）、式（11.3-16）、式（11.3-17）。

11.3.2.2 卡尔曼滤波的递推步骤

由卡尔曼滤波方程进行连续预报，就是根据上述滤波递推方程连续递推的过程。其算法见表11.3-1，图11.3-1为滤波实时预报框图。

表11.3-1　　　　　　　　　　线性离散卡尔曼滤波器总结

系统方程	$X(k+1)=\Phi(k)X(k)+B(k)U(k)+\Gamma(k)W(k)$
观测方程	$Y(k)=H(k)X(k)+V(k)$
初始条件	$E[X(0)]=\hat{x}(0)$　　　　$E[\widetilde{X}(0)\widetilde{X}(0)]=0$
假定	$W(k)\sim N(0,0)$，$V(k)\sim N(0,R)$
	$E[W(k)V^{\mathrm{T}}(k+\tau)]=\begin{cases} s & \text{当 }\tau=0 \\ 0 & \text{当 }\tau\neq0 \end{cases}$
观测	
新息	$\nu(k)=Y(k)-H(k)\hat{X}(k/k1)$
卡尔曼增益	$K(k)=P(k/k-1)H^{\mathrm{T}}(k)[H(k)P(k/k-1)H^{\mathrm{T}}(k)+R]^{-1}$
状态滤波	$\hat{X}(k/k)=\hat{X}(k/k-1)+K(k)V(k)$
滤波误差协方差	$P(k/k)=[I-K(k)H(k)]P(k/k-1)$
预报	
状态预报	$\widetilde{X}(k+1)=\Phi(k)\widetilde{X}(k)+B(k)U(k)$
预报误差协方差	$P(k+1/k)=\Phi(k)P(k/k)\Phi^{\mathrm{T}}(k)+\Gamma(k)Q\Gamma^{\mathrm{T}}(k)$

（1）预报开始，选定初值 $X(0/0)$、$P(0/0)$。

（2）状态预报 $\hat{X}(k+1/k)=\Phi(k+1)X(k)$。

（3）预报误差的协方差

$$P(k+1/k)=\Phi(k+1/k)P(k/k)\Phi^{\mathrm{T}}(k+1/k)+\Gamma(k+1)Q(k+1)\Gamma^{\mathrm{T}}(k+1)。$$

（4）增益矩阵

$$K(k+1)=P(k+1/k)H^{\mathrm{T}}(k+1)[H(k+1)P(k+1/k)H^{\mathrm{T}}(k+1)+R(k+1)]^{-1}。$$

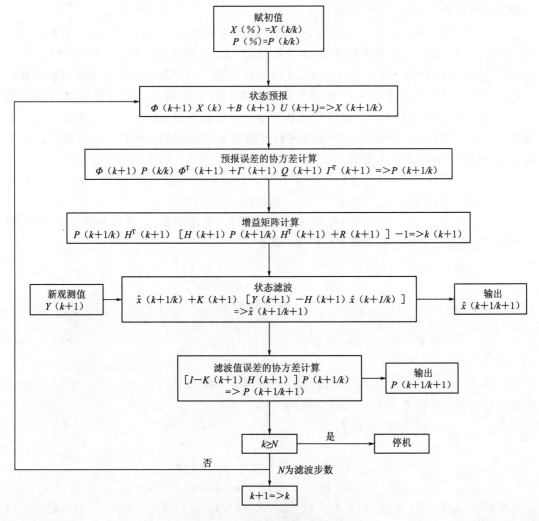

图 11.3-1 卡尔曼滤波实时预报框图

（5）状态滤波

$$\hat{X}(k+1/k+1)=\hat{X}(k+1/k)+K(k+1)[Y(k+1)-H(k+1)\hat{X}(k+1/k)]$$

（6）滤波值误差协方差

$$P(k+1/k+1)=[I-K(k+1)H(k+1)]P(k+1/k)$$

（7）将 $k+1{\rightarrow}k$，转到（2），连续计算。

11.3.3 推广的卡尔曼滤波

11.3.3.1 推广的卡尔曼滤波算法

卡尔曼滤波解决了线性系统的滤波和预报问题。在此情况下，卡尔曼滤波能够给出无偏最小方差意义上的预报估值。而在许多实际情况下，水文系统不是线性的，而是非线性的。对于离散非线性系统，状态方程可写为

$$X(k+1) = \Phi[X(k)] + G[X(k)]W(k) \tag{11.3-21}$$

观测方程可写为

$$Y(k) = H[X(k)] + V(k) \tag{11.3-22}$$

这里，用一般的非线性函数 $\Phi[X(k)]$ 和 $H[X(k)]$ 代替了式 (11.3-1) 及式 (11.3-3) 中的 $\Phi(k)X(k)$ 和 $H(k)X(k)$；$G[X(k)]$ 是依赖于当时状态的非长量系统噪声分配矩阵；噪声项 $W(k)$ 和 $V(k)$ 仍为零均值白噪声过程。根据连续测量值或离散测量值 $Y(k)$ 估算系统状态值 $X(k)$ 的滤波问题从理论上讲是能够得到解决的，并能够确定一个最优的非线性滤波。然而对这样的滤波进行计算是非常困难的。因此，这种非线性的滤波问题只能有近似的解。求解的方法之一就是一种称之为推广的卡尔曼滤波算法[22]。它可以在给出 $Y(1)$，$Y(2)$，…，$Y(k)$ 的情况下，将卡尔曼滤波应用到式 (11.3-21) 和式 (11.3-22) 的泰勒 (Taylor) 展开式中，从而得到 $X(k)$ 估计值。

若 $\Phi[X(k)]$，$G[X(k)]$ 和 $H[X(k)]$ 足够光滑 (连续渐变)，将其分别在 $\hat{x}(k/k)$ 和 $\hat{x}(k/k-1)$ 点作泰勒展开，而截取一阶项，即令

$$\Phi[X(k)] = \Phi[\hat{x}(k/k)] + \frac{\partial \phi[x(k)]}{\partial x}\bigg|_{x=\hat{x}(k/k)} [X(k) - \hat{x}(k/k)] \tag{11.3-23}$$

$$H[X(k)] = H[\hat{x}(k/k-1)] + \frac{\partial \phi[x(k)]}{\partial x}\bigg|_{x=\hat{x}(k/k-1)} [X(k) - \hat{x}(k/k)] \tag{11.3-24}$$

而令

$$G[X(k)] \cong G[\hat{x}(k/k)] \equiv G'(k) \tag{11.3-25}$$

在式 (11.3-23) 和式 (11.3-24) 中，令

$$\Phi'(k) = \frac{\partial \phi[x(k)]}{\partial x}\bigg|_{x=\hat{x}(k/k)}, \quad H'(k) = \frac{\partial \phi[x(k)]}{\partial x}\bigg|_{x=\hat{x}(k/k-1)}$$

$$U(k) = \Phi[\hat{x}(k/k)] - \Phi'(k)\hat{x}(k/k)$$

$$Z(k) = H[\hat{x}(k/k-1)] - H'(k)\hat{x}(k/k-1)$$

将式 (11.3-23) 和式 (11.3-24) 代入式 (11.3-21) 和式 (11.3-22)，就可得到线性化后的状态方程及观测方程如下：

$$X(k+1) = \Phi'(k)X(k) + G'(k)W(k) + U(k) \tag{11.3-26}$$

$$Y(k) = H'(k)X(k) + V(k) + Z(k) \tag{11.3-27}$$

推广的卡尔曼滤波算法可按上节线性卡尔曼滤波的推导得到，其滤波公式见表 11.3-2。

表 11.3-2　　　　　　　　　　　推广卡尔曼滤波算法

一次预报时 (时刻 k)	
状态预报	$\hat{x}(k+1/k) = \Phi[\hat{x}(k/k)]$
预报误差协方差	$P(k+1/k) = \Phi'(k)P(k/k)\Phi'^{\mathrm{T}}(k/k) + G'(k/k)Q(k/k)G'^{\mathrm{T}}(k/k)$
一次观测中 (时刻 $k+1$)	
新息	$\hat{x}(k+1) = Y(k+1) - H[\hat{x}(k+1/k)]$
卡尔曼增益	$K(k+1) = P(k+1/k)H'^{\mathrm{T}}(k)[H'(k)P(k+1/k)H'^{\mathrm{T}}(k) + R(k)]^{-1}$
状态滤波	$\hat{x}(k+1/k+1) = \hat{x}(k+1/k) + K(k+1)V(k+1)$
滤波误差协方差	$P(k+1/k+1) = [I - K(k+1)H'(k)]P(k+1/k)$

11.3.3.2 使用卡尔曼滤波算法的一些说明

（1）用卡尔曼滤波作实时预报，应是不断地预报，校正，再预报，再校正，……卡尔曼滤波理论实质上就是在观测值及系统本身都具有干扰噪声影响的状态系统中，对状态向量 $X(k)$ 进行在线的，无偏的，最小方差意义上的一种最优递推估计方法。

（2）初始状态的估计值 $X(0/0)$ 和初始误差协方差阵 $P(0/0)$ 的值可以事先通过初始信息，用二点法估计。$X(0/0)$、$P(0/0)$ 的值不一定估计得很准，但它们仅对开始几个时段的估计值有影响，对以后预报值的影响很小。

（3）对卡尔曼滤波计算公式中式（11.3-1）模型噪声（也称为系统噪声）$W(k)$ 和式（11.3-3）观测噪声 $V(k)$ 一般设为互不相关的零均值白噪声序列，所谓白噪声是指该噪声序列具有零均值和常数方差。无论是模型噪声或观测噪声，都可以用它们的数值特征，如均值、方差、协方差来表示。对 $W(k)$、$V(k)$ 的确定常用它们的协方差 Q、R 矩阵。Q、R 阵的选取对使用卡尔曼滤波技术非常重要。这里只简单的说明一种方法。即一种称之为自适应卡尔曼滤波的技术。该方法通过模型滤波器实际运行后所获得的验后误差信息［新息、$P(k/k)$、$P(k/k+1)$ 等］，反过来对 Q、R 阵的实际值进行分析、估计，通过对 Q、R 阵的递推修正，使之趋于符合系统实际状况。

11.4 基于人工神经网络模型的实时校正

11.4.1 模型原理

人工神经网络（ANN）是一门交叉学科，它由大量简单的神经元广泛连接而成，用以模拟人脑思维方式的复杂网络系统，具有大规模并行处理、分布式存储、自组织性、自适应性、适应于求解非线性问题、容错性和冗余性等优良性质。人工神经网络可以充分利用已经积累的各种知识（资料）以非显式表示系统输入和输出之间极其复杂的关系。特别是它具有超于人的计算能力，又有类似于人的识别和联想能力。人工神经网络可以充分利用已经积累的各种知识（资料）以非显式表示系统输入和输出之间极其复杂的关系。由于人工神经网络具有这些独特的功能和性质，将人工神经网络理论、分析技术和算法引入预测研究中，建立适用的人工神经网络模型，可望解决其中难以处理的复杂问题。

在人工神经网络中，一个简单的神经元，即处理元，将接收的信息，如系统输入或上一层神经元的输入，x_0，x_1，$\cdots$，x_{n-1} 通过 w_0，w_1，$\cdots$，w_{n-1} 表示的互联强度，以点积的形式合成为自己的输入。神经元将输入通过激励函数计算，再经过阈值函数判断，如输出值大于阈值门限，则该神经元被激活，否则将处于抑制状态。这样，人工神经元的工作方式非常类似于生物神经元，其模型见图 11.4-1。图中 net_i 为第 i 个神经元的内部状态，$a_i(t)$ 为其在 t 时刻的激活状态，F_i 表示 i 个神经元的激活函数和阈值函数的复核函数，θ_i 为其阈值门限。

人工神经网络有多种，常用的有 BP 神经网络。

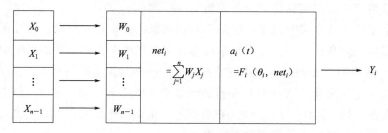

图 11.4-1 简单的神经元模型

11.4.2 BP 神经网络

11.4.2.1 BP 网络概述

BP 网络是一个单向传播的多层前馈网络，其结构如图 11.4-2 所示。BP 网络包含输入层、隐含层、输出层。同层节点之间不连接，每层节点的输出只影响下一层节点的输入。

输入矢量为 $x \in R^n$，$x = (x_0, x_1, \cdots, x_{n-1})^T$；第二层有 n_1 个神经元 $x' \in R^{n_1}$，$x' = (x'_0, x'_1, \cdots, x'_{n-1})^T$；第三层有 n_2 个神经元 $x'' \in R^{n_2}$，$x'' = (x''_0, x''_1, \cdots, x''_{n-1})^T$；最后输出神经元 $y \in R^m$，有 m 个神经元，$y = (y_0, y_1, \cdots, y_{n-1})^T$，如果输入层与第二层之间的权为 w_{ij}，阈值为 θ_j，第二层与第三层之间的权为 w'_{jk}，门限值为 θ'_k，第三层与最后层的权为 w''_{kl}，阈值为 θ''_l，那么各层神经元的输出满足：

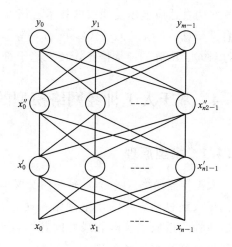

图 11.4-2 多层 BP 网络结构图

$$\begin{cases} y_l = f(\sum_{k=0}^{n_2-1} w''_{kl} x''_k - \theta''_l) \\ x''_k = f(\sum_{i=0}^{n_1-1} w'_{jk} x'_j - \theta'_k) \\ x'_j = f(\sum_{i=0}^{n-1} w_{ij} x_i - \theta_j) \end{cases} \qquad (11.4-1)$$

11.4.2.2 BP 学习算法

BP 算法属于一种有导师的学习算法，这种算法通常是应用最速下降法。BP 算法的基本思想是：整个网络的学习由输入信号的正向传播和误差的逆向传播两个过程组成。正向传播过程是指样本信号由输入层输入，经网络的权重、阈值和神经元的转移函数作用后，从输出层输出。如果输出值与期望值之间的误差大于规定量，则进行修正，转入误差反传播阶段，即误差通过隐层向输入层逐层返回，并将误差按"梯度下降"原则"分摊"给各层神经元，从而获得各层神经元的误差信号，作为修改权重的依据。以上两过程是反复多次进行的。权重不断修改的过程，也就是网络的训练过程。此循环一直进行到网络的输出误差减小到允许值或到达设定的训练次数为止。

权重的修改式为

$$
\begin{cases}
w''_{kl}(n_0+1)=w''_{kl}(n_0)+\eta\sum_{p_1=1}^{p}\delta_{kl}^{p1}x''_k{}^{p_1} \\[2mm]
w'_{jk}(n_0+1)=w'_{jk}(n_0)+\eta\sum_{p_1=1}^{p}\delta_{jk}^{p1}x'_j{}^{p_1} \\[2mm]
w_{ij}(n_0+1)=w_{ij}(n_0)+\eta\sum_{p_1=1}^{p}\delta_{ij}^{p_1}x^{p_1}
\end{cases}
\tag{11.4-2}
$$

式中：δ_{sq}^{p1}（sq 为 ij、jk、kl）为各层的误差，p_1 为指第 p_1 个样本；η 为步长，又叫学习率；n_0 是指第 n_0 次训练。标准的 BP 算法其学习步长 η 是不变的。由于 BP 网络的逼近误差曲面的梯度变化是不均匀的，如果采用固定步长，当 η 较小时，在误差曲面较平坦的区域，收敛较慢；当 η 较大时，又容易在误差曲面的峡谷区域引起振荡。

为了叙述方便，以三层神经网络为例说明单样本点 BP 算法。设输入单元为 i，隐层神经元为 j，输出层为 k、ni、nj、nk 分别为三层的节点数目，输入层单元 i 到隐单元 j 的权重分别是 θ_j 和 φk。

经典 BP 算法步骤如下：

（1）将原始数据归一化，设归一化的输入、输出样本为

$$\{xp,i,tp,k\mid p=1,2,\cdots,m;i=1,2,\cdots,n_i;j=1,2,\cdots,n_j\}$$

其中 m 为样本容量样本。

（2）将各权重 ν_{ij} 和 w_{jk} 及阈值置为（0，1）区间上的随机数。

（3）置 $p=1$，把样本对 $\{x_{p,t},t_{p,k}\}$ 提供给网络。

计算隐单元的输出向量 $(h_1,h_2,\cdots,h_{nj})$ 和最终输出向量 $(y_1,y_2,\cdots,y_{nk})$。

$$
h_j=f(\sum_{i=1}^{ni}\nu_{ij}x_{p,i}-\theta_j)
\tag{11.4-3}
$$

$$
y_{p,k}=f(\sum_{j=1}^{nj}w_{jk}h_j-\varphi k)
\tag{11.4-4}
$$

（4）将输出向量 $y_{p,k}$ 与目标向量 $t_{p,k}$ 进行比较，计算出各输出误差项和隐单元误差项。

$$
\begin{cases}
\delta_{p,k}=(t_{p,k}-y_{p,k})y_{p,k}(1-y_{p,k}) \\[2mm]
\delta_{p,k}^{*}=h_j(1-h_j)\sum_{j=1}^{nj}\delta_k w_{jk}
\end{cases}
\tag{11.4-5}
$$

（5）依次计算出各权重的调整值：

$$\begin{cases} \Delta w_{jk}(n) = \eta \delta_k h_j \\ \Delta v_{ij}(n) = \eta \delta_k^* x_{p,i} \end{cases} \tag{11.4-6}$$

式中：η 为学习率，是一个控制学习速度的正常数。

（6）调整权重。

$$\begin{cases} w_{jk}(n+1) = w_{jk}(n) + \Delta w_{jk}(n) + \mu \Delta w_{jk}(n-1) \\ v_{ij}(n+1) = v_{ij}(n) + \Delta v_{ij}(n) + \mu \Delta v_{ij}(n-1) \end{cases} \tag{11.4-7}$$

式中：μ 为惯性系数，用来加快算法的收敛速度。

（7）置 $p = p+1$，样本对 $\{x_{p,i}, t_{p,k}\}$ 提供给网络，转第（3）步，直至 m 个样本完全训练完毕，转第（8）步。

（8）重复第（3）步至第（8）步，直至网络全局总误差函数 E：

$$E = \frac{1}{2} \sum_{p1=1}^{p} \sum_{l=0}^{m-1} (t_l^{p1} - y_l^{p1})^2 \tag{11.4-8}$$

当小于预先设定的一个极限值时，学习训练工作完成，固定当前的权重后，该网络便形成了非线性关系的估计模型。

主 要 参 考 文 献

[1] 包为民，孙逸群，周俊伟，等. 基于总体最小二乘法的系统响应修正方法 [J]. 水利学报，2017，48 (5)：560-567.

[2] 丁晶，邓育仁. 随机水文学 [M]. 成都：成都科技大学出版社，1988.

[3] 葛守西. 现代洪水预报技术 [M]. 北京：中国水利水电出版社，1999.

[4] 何少华，叶守泽. 洪水预报联合实时校正方法研究 [J]. 水力发电学报，1996 (1)：37-42.

[5] 雒文生. 河流洪水分析及预报 [D]. 武汉：武汉水利电力大学，1992.

[6] 瞿思敏，包为民. 实时洪水预报综合修改方法初探 [J]. 水科学进展，2013，14 (2)：167-171.

[7] 芮孝芳. 洪水预报理论的新进展及现行方法的适用性 [J]. 水利水电科技进展，2001 (5)：1-4，69.

[8] 宋星原. 河道洪水实时预报方法研究 [D]. 武汉：武汉水利电力大学，1995.

[9] 杨小柳. 实时洪水预报方法综述 [J]. 水文，1996 (4)：9-16，65.

[10] 赵英林，覃光华. 实时水文预报方法 [D]. 武汉：武汉水利电力大学，1999.

[11] 周梦，陈华，郭富强，等. 洪水预报实时校正技术比较及应用研究 [J]. 中国农村水利水电，2018 (7)：90-95.

[12] 韩通，李致家，刘开磊，等. 山区小流域洪水预报实时校正研究 [J]. 河海大学学报（自然科学版），2015，43 (3)：208-214.

[13] 葛守西. 现代洪水预报技术 [M]. 北京：中国水利水电出版社，1999.

[14] Perumal M, Sahoo B. Real-Time Flood Forecasting by a Hydrometric Data-Based Technique [A]//Natural and Anthropogenic Disasters [C]. Berlin：Springer Netherlands，2010.

[15] Sun Y, Bao W, Jiang P, et al. Development of multi-variable dynamic system response curve method for real-time flood forecasting correction [J]. Water Resources Research，2018.

[16] Weimin B, Wei S, Simin Q. Flow Updating in Real-Time Flood Forecasting Based on Runoff Correction by a Dynamic System Response Curve [J]. Journal of Hydrologic Engineering，2014，19 (4)：747-756.

［17］ Young P C，Wheater H，Sorooshian S，et al. Real‐time flow forecasting ［A］//Hydrological mod-elling in arid and semi‐arid areas ［C］. Cambridge：Cambridge University Press，2008.

［18］ WOOD E F，SZOLLOSI‐NAGY A. An adaptive algorithm for analyzing short‐term structural and parameterchanges in hydrologic prediction models ［J］. Water Resources Research. 1978，14（4）：577‐581. DOI：10. 1029/WR014i004p00577.

［19］ 周全. 洪水预报实时校正方法研究 ［D］. 南京：河海大学，2005.

［20］ 包为民，王浩，赵超，等. AR 模型参数的抗差估计研究 ［J］. 河海大学学报（自然科学版），2006，34（3）：258‐261.

［21］ 葛守西，程海云，李玉荣. 水动力学模型卡尔曼滤波实时校正技术 ［J］. 水利学报，2005，36（6）：687‐693.